菜場搜神記

蘇菜日記／蘇凌

中 >>>

南 >>>

東 ＞＞＞

牛墟 ＞＞＞

輯二 市中有非常人

輯三 我如此不像樣地長大

招搖過市的天賦

最早我是「蘇菜日記」忠實讀者，與蘇卻是「不挽不相識」——當年我以報導者身分約訪，陪她走了一趟完整的市場巡禮，在青菜蘿蔔水果環伺的途中發現一個生意特好的挽面小攤，遂遊說她受訪之餘不如挽個臉，沒想到她竟接受了如此無禮的要求，看到清秀的她被阿姨拔毛拔得面目猙獰，我很沒有同情心地大笑，努力不讓攝影鏡頭晃動。

這場荒唐的挽面奇緣奠定了我們友誼的基石，此後經常互通有無，交換一些能夠滋潤生活的情報，我尤其常受惠於她的饋贈（包括不虞匱乏的笑料，或蹲在浪花罩頂的八斗子礁石上拔得的滿缽海菜）。

文如其人，蘇的書寫附帶各種戳人笑點的機關，她特別鍾愛出奇不意的反差萌，總是能從各種黯淡的死角看見情調，在她筆下，砧板自成舞台，金句連發的肉舖老闆簡直民間莎士比亞。我與蘇一同吃飯，發現她一口飯可以嚼個七七四十九下，彷彿冀望靠著咀嚼而悟道，這或許可以解釋在她看似飄丿的文風中，為何散放出耐性超群的蹲點實力（書中市場她大多造訪超過兩次），她講究用字與場面調度，並且幾乎虔誠地追求精良的收尾。

傳統寫市井，多半一派端莊儒雅，悠緩地像個老人；蘇的寫法帶有一股相當硬蕊的現代感，識別度強烈，不那麼自溺，卻很願意端詳市井小民的個性，語法犀利明快，卻鮮少犯了自作聰明的毛病，從不刻薄。這樣爽朗的態度，對世故的人來說很難，對像她這麼年輕的人來說更不容易，這應該歸功於她的幽默感與赤子之心，我知道那樣的敏銳與善體人意並非使命，而是天賦。

——《風滾草》、《小吃碗上外太空》作者
包子逸

菜場裡的野孩子

蘇在野孩子裡，一直是個很奇特的存在。

大學時代就跟著劇團一個製作一個製作跑，在排練、演出以及各種花式打盹之餘，我總能看見她拿著一本簿子，用防窺視的螞蟻字體書寫著什麼。在這個光纖世代，還能看見年輕人以紙筆記錄日常，是十分令人感動的，更不用說這個習慣她維持至今，似乎也樂此不疲，就如同她愛逛菜市場一樣。

幾年間，蘇跟著野孩子在台灣、大陸及東南亞各地進行「默劇出走」的演出。連續幾天的清晨，就是她探索在地市場的時光，那個時光只屬於她自己——因為沒人想這麼早起。她就是用這種執著以及如她在舞台上展現的韌性（當然更重要的是老人般的作息），用她獨特的視角記錄下每座城市的菜場見聞。

蘇的文字，沒有文學的厚重感，沒有資訊堆疊，而是一幕幕影、音、對話甚至氣味、唾沫都鮮活生動的「戲」——把屬於菜市場的庶民風采、生活氣息和幽默感還給菜市場。然後，你會驚訝，一個招牌、一個器皿、一隻貓、一名厚少女，透過蘇的筆觸，都熠熠生輝，故事性十足。然後我會慶幸，那些個清晨，沒有一絲想跟她去逛菜市場的企圖，因為極有可能破壞了她所需要的全神貫注（像篆刻螞蟻字體一樣）以及寧靜自在。

也許就是這般自在且專注，刻畫下蘇在我心裡不同於其他年輕人的模樣，讓她在演出的舞台以及這本《菜場搜神記》的文字中，展現同樣精彩且引人入勝的創作能量。

——野孩子肢體劇場團長

姚尚德

人人心中都有一點阿伯魂

這並非一本舉著任何正義道德大旗或賣弄高深理論的書，每一篇看似「只是」行腳筆記，然而作者蘇湊之移動如此靈活，腳上好像長了眼睛，每個看似隨意的發問都好像舞蹈般具有感染力，準確召喚出隱匿於菜市場中最飛揚活潑的時刻，釋放擴散每位平常人最不平常的能力。

甚至，不限於人，她看見那些能讓俗氣疲憊日常都新鮮唱跳起來的奇雞美魚，因為牠們，疲憊俗氣的人們眼睛裡總是能留一席之地給純愛熱情。

市場當然是交易營生的地方，不論是北斗菜市場或福和橋下舊貨市場，這本書生花妙筆下的市場人物卻還提醒我們，交易中的人物互動催生慾望、斟酌度量、討價協商，在此中物由人評價、人亦由入手之物重獲存在樂趣，在交換的片刻之用心，或者以作者用語來說，是人人「心中有那麼一點點阿伯魂」，每日願早起來看看這世上有什麼好玩物事的趣味。

人生虛幻一場，但眼前計較是如此真實快樂。每一短篇寫出的「計較」，倒非僅是金錢數字價格之計較，而是搏感情過日子甚至不免相互嘲笑揶揄的人間煙火。這理解會讓人感恩，謝謝島嶼上大大小小的市場存在，這世界看似重複瑣碎的運作中，其實藏有如此多可以透過移動、參與、交易而時時翻新的趣味無窮。

——國立台灣大學建築與城鄉研究所副教授
黃舒楣

在市女養成記

不問市事的人，到台北念大學，校址偏僻甚，學餐只有美而美，往日慣吃的自家手工感早點，此時難再得。

後來，學校旁的黃石市場，簡直整個成了她的中央廚房，這頭取芋粿蘿蔔糕，另一頭吩咐麻油煎米血，日復一日兩頭往返，食物以外的人哪、事啊，漸入眼簾，直到有天，什麼都已吃膩，卻依然想上市場看一看，她就知道，翹課的時間到了。

她開始藉腳扭傷得定期復建之名，每週三翹掉排練去逛市場，翹不掉的，就填請假單，請假事由：去醫院探望阿嬤。（人在台南活跳跳的阿嬤表示）在市場裡最常被問「妳是學生嗎？什麼科系呀？」她說戲劇系。「喜劇系喔？」人家的一個重聽，卻讓她思考了一下，或許她念的真是喜劇系，種種可愛與荒謬，就是引她一再入市的緣故。

●●●

大二時的某個週六，我想，今天要幹個大的——去另一個市場看看。結束後鄭鄭重重寫下第一則見聞，接著一週一市場，這麼寫了幾篇，寫了幾年，寫到有天，系上助教在走廊上攔住我：「妳，下課來找我。」驚到魂不附體，垂頭走進辦公室，助教舉頭燦笑：「『蘇菜日記』是妳寫的嗎？我有在看哦。」那是冬天，我轉身踏出辦公室，春風吻上我的臉。

漸漸的逛市場成了一件和登山或參加婚禮一樣的正經事，熬三點魚市，趕五點早市，之中聽得的是非紛紜，都成金句必須記下，原本一笑置之的畫面，此刻感覺千萬要留存，入市裝備也從 HTC 零元手機到 Sony 單眼相機，專業到市場攤販見我就一臉緊張：「妳是鎮公所派來的膩？」曾經有阿伯，一臉狐疑看我在市場內四竄，遂給自己生產了一套解釋：「人家是鐵道迷，啊妳菜市場迷齁？」說對也不完全，我並不感覺自己是個菜市場狂熱份子，只是我所鍾愛的老派食物和語言，老派之人與習慣，以及種種陽春過時漏拍之事，碰巧在市場內集大成。

都說上市場的人知時節、懂菜蔬，那絕對不是我，逛了這麼久，對那旬味，一知半解，畢竟我乃放錯重點第一名，看的不外乎手寫招牌上的錯字，在肉攤上必要摸一把百年檜木砧板，耳中避不了老闆的傳奇人生一小時半不間斷，掏錢買下的，大概又是什麼不能吃的東西，最後把相機剩餘記憶體，花在空攤檯上的貓。我感覺有一部分的自己，對於不能經驗的舊時代有些嚮往，市場充滿了如此與我不同的人與物，風氣與態度，而它正好非常開放，能包容我在之中與種種陌生往來、透過想像靠近，令人振奮的是，它又不全然是個只能懷舊的地方，只要人持續走入，市場就永遠新意飽滿。和市場相處，拼拼補補了我的不足與不知，爸爸到現在依然不能解，以往問我要不要去市場，必定報以兩字N與O，難得答應，又嫌人吵地滑肉味腥，當時就問他，買個菜是何必花這麼多時間？結果我倒是成為了一個因為不買菜，花了更多時間的人，所謂風水輪流轉，現世報不完。

晨市少女是汗的，臭的，狼狽的，為了走久，腳趾間要上乳液，為了負重，腰間要上護具，公車班距比情長，跑起來沒有阿姨收攤快，「市場站到了」，人去樓空，明天請早，要不趕路，又極端得五點十分在月台上等第一班區間車，說我樂此不疲嗎？也是很疲，向來講求舒活飽睡的我，在前往市場的路上，有時都對自己不是很明白。

最後說說這書名吧，篇篇獨立的市場日記，集結成書，起名著實困擾了一陣，還勞煩友人將我的提案一一駁回：

「《菜市修羅場》？」「妳菜市場武俠小說？」

「《菜市場腦殘遊記》？」「遊記會不會聽起來太像腰只？」（兩位，重點不是這個吧）

「《晨市戀歌》？」「（嘔）」

「《晨市少女不購物路線》？」「這怎麼有點耳熟。」

「《市場荒唐言》？」「誰荒唐？妳才荒唐！」

《菜場搜神記》，搜市場裡之各路神人、各樣怪事，此神怪非彼靈異志怪，而是淺見寡識的我看菜市場，以為神，以為怪之事。市場生靈變幻莫測，跪謝今日的巧合，不為錯過的可惜，此書紀錄了每一次的不期而遇，人生在市，其樂自得。

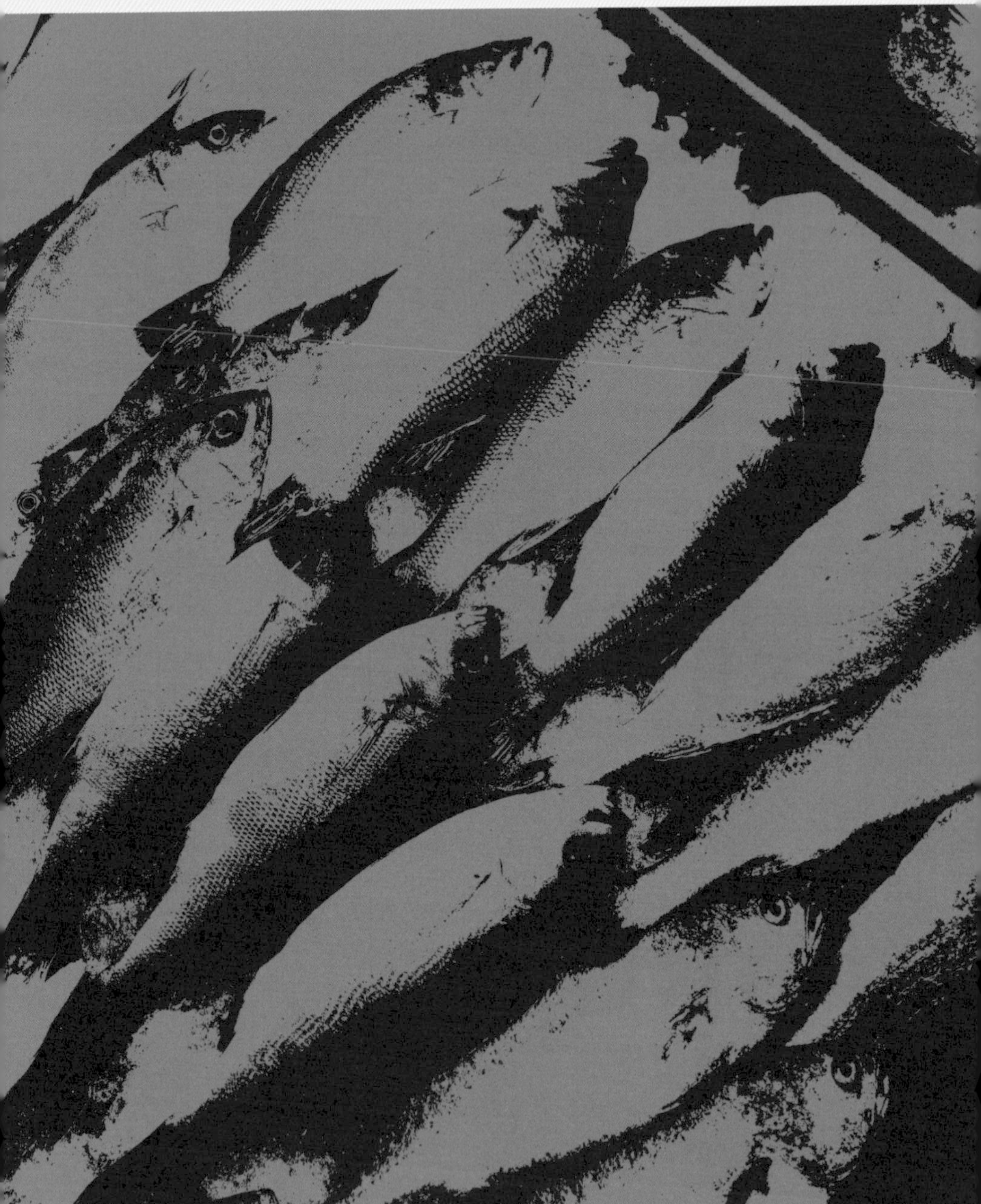

輯一

天曉，諸神入市

01

新北永和溪洲市場

【這條路很長，妳要小心】

捷運頂溪站後頭巷內，藏了開張過一甲子的溪洲市場，頂棚再挑高，依然喧騰滿灌，招牌布條為奪得觀瞻，哪塊不是發了狠往天上架，也好在場內有掛「禁用擴音器」牌，肉嗓已經撼八方，人未進市場，就先聽見遠處一聲令下：「共恁爸來買菝仔！（給你老爸我來買芭樂）」好，好，老爸，我買。

溪洲市場幅員之廣，入口處都有人告誡：「這條路很長，妳要小心。」以為我唐三藏要取經。推車賣粿的阿姨更謹慎：「皮包要注意，妳看我錢都藏在這裡。」語畢，拉開褲頭。

路很堵，在這裡，妳的自由意志無法實現，只能給人簇擁向前，每一攤都被迫細看，而當妳決定買它個一斤，又已經被推著離開。

讓眾人擁著經過販售藥膏貼布的小攤，每款藥布皆標明對應症狀，此時方知，「腰痛」、「痠痛」以及「腰痠背痛」，適用於三種不同貼布。經過推著一車粽子的阿桑，疑似採行激將式銷售法，沿路喊：「我沒有在賣！」經過老麵包店，阿公一手介入攪拌機為麵糰測溫，只留單手剁蔥花，剛出爐的烤盤架，就地沿用成販賣層架，也備有鐵凳讓聞香而來的阿嬤坐食麵包。

今日魚攤，有個奇雞，頭連紅冠四方俐落轉動，忙關注顧客動向，沒時間吃那湊在牠嘴邊的蘿美菜。「牠叫『肯得基』，最近剛當爸。」魚攤老闆望向這隻大白雞，愛憐無限，簡直像個雞奴，我於是給他起個稱號——李維。雞奴李維每天都要帶肯德基來市場賣魚，在他心中，站在攤頭的肯德基很乖、不會吃魚，不過我看見牠，正在啄魚尾巴——魚雞魚雞，奈若何。感覺有點邪門的是，魚攤隔壁就是賣雞肉的，攤上不只放了雞翅雞脖雞腿排，還擺了一隻擬真假母雞作裝飾，而那假雞的擺放位置，居然和肯德基站的位置對稱……肯德基與假母雞，不知哪一雞，比較情何以堪。

⁂

溪洲市場人聲雜沓，亦有貓咪踏踏，那隻虎斑的，為自己找到合適的位置——麵店前「虎牌炊粉」紙箱上，兩側印有「猛虎標誌」、「美好食物請妥善保管」，老闆說，隔壁素食店的貓，卻老是出現在這裡，「真素的。」而雜貨店內，胖貓蹲踞至高鐵架，自認於昆布炊粉與味素間隱身得宜，所謂店貓，通常不輕易染指店內食物，偏偏這隻貓，「會咬柴魚包，還會吃魷魚乾。」不巧對面攤頭，就擺了一紙箱的鹽漬鯖魚，雜貨店阿姨對此是非常注意。

話說那箱鯖魚，附有一張全彩薄鹽鯖魚出水圖，正讚嘆海報印得仔細，老闆娘悠悠湊近：「他畫的。」指指後頭的先生。牆上掛有大幅輸出漫畫版火鍋料型錄，下方手繪鍋料個別肖像，橫眉倒豎生出手腳，八十一只，都附學名與俗名。店內走覽，老闆娘於

一旁無間斷補充：「這他畫的。」「那也他畫的。」「……啊都他畫的啦！」梳了側分頭的老闆，整個人和他摺火鍋料袋的作法一樣，方方正正，他是那一輩沒學過畫畫、便考進復興美工的能手，做了二十年的平面和專櫃設計，與長年合作工班師傅們的感情實在太好——他決定解散團隊，「讓他們去蓋房子，還比較賺錢。」回到市場接下爸爸的火鍋料店，他是自己的設計與工班。

攤上貨物擺置，「整齊」是唯一指導原則，偶數成對放，奇數填中間，盒裝豆腐齊角疊起，國農牛乳標籤角度不能有二致，誰凸了一角出來，老闆眉頭就要皺。想起身邊讀設計的朋友，哪個不是挑剔難相處，望向始終立在一旁似笑非笑的老闆娘——她的心情，我懂。

老闆以水彩描繪鍋料自一列名為「往你家餐桌」的火車下車後，齊心在大鍋邊緣以油豆腐疊成梯、花枝板作跳板，以便短手短腳的大夥兒入鍋的樣子。看這團熱量脂肪含鈉量在鍋裡可愛滾滾，想起小時吃鍋僅有的梅花魚板和蟹味棒——何其寒酸，畢竟這攤子上，魚板可還扮成西瓜、企鵝、小丑魚，我說這鴨子造型真可愛，「那是天鵝。」鍋料口味囊括「半天筍香菇肉」與「青蔥雪腐」，口感要仿「爆醬魚卵」，鮮味要如「蝦仁浪花」，當代火鍋料，起名趨向詩意，「月圓」、「一口天」、「龍角切」，而「AB豆竹」之不知所以然，亦是非常當代。這裡也賣冷凍食品，名為「處榴香」的冷凍榴槤披薩，標示著「Eat durian pizza keep it everywhere」，是的，如此才能處處榴香。

•••

市場多小岔路，人最少的一條巷，上頭有「勵行商場」幾個大紅字，那也不算巷子，而是兩側商店街間的通道，不過除一間理髮廳尚開業，夾道的只有鐵門相連緊閉，和一個綴著七彩燈泡卻不再發亮的「勇士皮鞋」招牌。大姐於商場入口處賣雞蛋，說三、四十年前，永和區一帶已經非常熱鬧，外邊馬路就是公車停靠站，連帶市場也蓬勃無比，地方主事者抓準商機，在市場旁蓋了這四層樓高的「勵行商場」，一、二樓作商店街，三樓以上為住宅，望它如西門町旁的中華商場一般興盛。而狹巷哪能與馬路邊的人氣相比？甫開張的成排船來品店，還不及經歷理想中的黃金時代，就在幾年內因無人探問接連倒閉，荒廢至今，只二樓以上還殘存些住戶，對一旁開業近百年的牛肉攤來說，商場的一生，只是他們三代之間的插曲。

著全套西裝的爺爺，拐杖拄著熟門熟路到牛肉攤裡頭坐下，唱起「雪花飄飄，北風蕭蕭，天地一片蒼茫——」老闆娘也習慣了這時時迷途的一剪梅，撥了通電話給不曉得誰：「可以來接阿伯回家了哦。」

勵行商場一帶和市場餘處，人氣是天淵之隔，才離開那，又一秒溺入人海，賣澎湖海菜的老闆，見我給人群擠在他的攤位前動彈不得，順勢分享起幾年來全台跑攤的市場觀察：「台北的媽媽比較沒精神，早上來買菜，眼睛還閉著；台南的媽媽，都很有精神。」在溪洲市場，我已經覺得大家很精神，按此說法，台南的媽媽，我可不敢恭維。

02

新北福和二手市集

阿伯的天堂

網路上流傳一雙北都市大哉問：「騎腳踏車到底要怎麼跨過福和橋？」

大概有一半的答案是「就直接騎上去啊」，於是前陣子，為了一逛福和橋下跳蚤市集，就這麼「直接騎上去」，結果一路和同車道疾駛機車們拼命，硬起頭皮狂踩踏板，心裡在尖叫——警察怎麼還不來抓我！

這回，友人領我騎上福和橋左側自行車道，寬敞而愜意，能俯瞰橋下攤位遮陽傘相連至天邊，在這麼一場歡快的大型園遊會上方踩腳踏車，使人讚嘆連連，朋友問我來了這麼多次，難道沒看過這樣的風景？

「對，因為我之前都違規騎右邊。」

市集鄰河濱公園，公園畔著新店溪，福和橋在上方如牙籤串起三區，若是俯瞰，大概就像一個躺在雙北交界的大串燒。幾年來，河濱公園拓出了攀岩場、網球場和操場，橋下遮蔭處，廝殺中的羽球隊和沉靜氣功團練互不干擾，偌大的場地讓人實踐各式活動想像，有大叔搬來伴唱機，擺了幾張聽眾折疊椅再放上歌本，露天卡拉ＯＫ。福和橋下的我，衣著鬆垮，僅作蔽體防塵之用，邋遢非常，而有另一群人，是足蹬高跟鞋、裙擺搖搖，在橋下搭上另一個人的肩，萬般旖旎，於小墊步和側迴旋步中，談一場後中年戀愛——直到歌曲結束，雙方握手言謝，妳才發現他們並不認識。橋下是挑高舞池，路過的街友阿伯也停下來有樣學樣，趿著夾腳拖滑步，展開一個人的社交舞。

福和橋下有舊貨市集和傳統買菜市場，鄰著跳蚤市集，連菜市場都有淡淡的蚤味，價格特別便宜，喊價出奇乾脆。二手市集更是歷久不衰，畢竟每秒都有新品降生於世，舊物便以翻倍速度增加，即使週週光顧，每回依然覺得來到了一個新的——舊世界。二手市集擺攤型態，是遠遠超出人的想像，規模大的，將自家貨車改裝為機械仿生體，駛到定位，左右車廂門連同車頂揚起，展開翅膀又不飛的巨型瓢蟲，十秒變形完成。最微型交易單位，索性把貨擱在不知誰的機車椅墊上，那要承擔的，便是攤位隨時被騎走的風險了。

攤上雜貨，是過期農民曆、不成對的鞋墊，於是妳困惑，大家究竟是太愛賺錢？還是過於惜物？有時翻到好貨，比如那件 Fabriqué en France 的純羊毛 A 字裙，也使妳疑惑，它是何以自香榭麗舍大道來到環河東路三段，並且五十塊？直到買回家套上，發現腰圍要命小，才忽然懂了——裙，你不是不好，只是被主人當年的腰間肉放棄。揀起一雙台灣製真皮手工鞋，上頭還烙著一隻青蛙圖案，挺可愛，不知為何赤著腳的攤主阿姨說：「這些鞋子都我年輕時候的啦！」忽然覺得這雙鞋，二手得好有臨場感。阿姨的舊鞋，均一價一百，除了一雙球鞋說是 NIKE 的比較貴，兩百塊，在阿姨心中，機器代工的國外大廠牌，價值遠勝本土手工。

市集內不乏賣二手衣的攤子，其中一個舊衣攤，我稱之「餵鯉魚」，平台上堆滿衣服任人翻挖，老闆不時從廂型車內拉出幾坨衣服，登高撒入衣堆裡，眾人有如鯉魚三天沒吃飼料，拼了命搶新來的舊衣。過去老闆是久久撒下一批，現在則是每分鐘丟一兩件進鯉魚潭，而能在棉絮飛灰中待到最後、用四十塊買到一件毛呢大衣的，才是真正的贏家。市集內的二手衣，多是四十、二十元地賤賣，獨獨有一攤，老闆是明白自己衣服的價值，看準了年輕人專來這裡淘古著，開價動輒五百九。「幾百九」這數字，在福和橋下聽起來是格外刺耳，可那和服布料製的外套又是如此好看，我閉上眼睛告訴自己：「我不在福和橋下，我在台北市東區古著店。」登時，這件外套顯得多麼便宜！

⁂

逛跳蚤市集，是一來一往的削價、翻揀、抹去臉上的塵土，是挖到寶旋即又發現為贗品的情感波伏，兩小時下來，疲憊得只想癱坐吃上一碗滷肉飯。那不成問題，這裡甚至有米粉炒、魚皮湯，夏季也不乏剉冰和豆花，小吃攤座位上清一色是穿著所謂

「阿伯外套」的阿伯，袖子膨大而下擺收攏，頭戴同款鴨舌帽，用一樣粗的嗓子點一碗蚵仔麵，飽肚後再奮起，並肩重返市集廝殺。市集內最多的，確實是「阿伯」這等生物，其屬性為早起、善鬥嘴、易入手無用之物，其能力為腳勤、善講價、易發掘可再生之舊物，只要你的心中有那麼一點阿伯魂，來到福和橋下，都會覺得是天堂。

地布上的貨物種類之龐雜，使人從來不能一言以蔽之，誰料得到海鮮味貓食和鏽鐵桶堆中，生得出一尊潔白豐腴的唐朝侍女抱羊像？或是彌勒佛和藍芽喇叭之間，趴有一對背上披荷葉、肚上圍兜兜的金童玉女？盯著這兩尊光著屁股對彼此露齒笑的金童和玉女，我對跳蚤市場猜不透的永恆奧秘，起了敬畏之心。賣鳥籠的攤位，也販售整籃麵包蟲，一兩十塊，老闆說：「試吃不用錢！」像是怕我吃太多，趕緊補上一句：「吃一條不用錢。」這位老闆，我吃十條你還要給我錢呢。

其中一處專售舶來古董，攤位都佈置成了博物館，每週祭出不同舊貨收藏，使顧客有時身處戰前東洋，有時去到工業革命後的歐洲。今日展售的，是一系列押印和菓子的木雕模，涵蓋簡易線條的蔬果造型及刻工繁複的動物羽鱗圖樣，上頭都卡了當年的麵粉，各個被使用得光滑，曖曖內含油光。其中一個模子背後畫有家徽，並提了字「大正十年」，一百年前的一筆，就為那個時代留下了註記。

或有專賣台灣老件的舖子，一個機械式計程車跳表器，上頭紀錄的載客次數還停留在七一五，本體連接的「空車」小牌，可依據載客與否，上下扳動，老闆指著「乘車料金」標示處，說很多機器的第一代都來自日本，「沒有昨天的日本，沒有今天的台灣。」他肅然表示。一旁站了三位大同寶寶，其中胸前編號五十一的特別舊，那是世上第一批大同寶寶。民國七年建廠的大同公司，早期皆與日本合作，直到五十八年獨立出資營運，才首度出產了象徵創業五十一年的大同寶寶。老闆秀出幾年前收購的

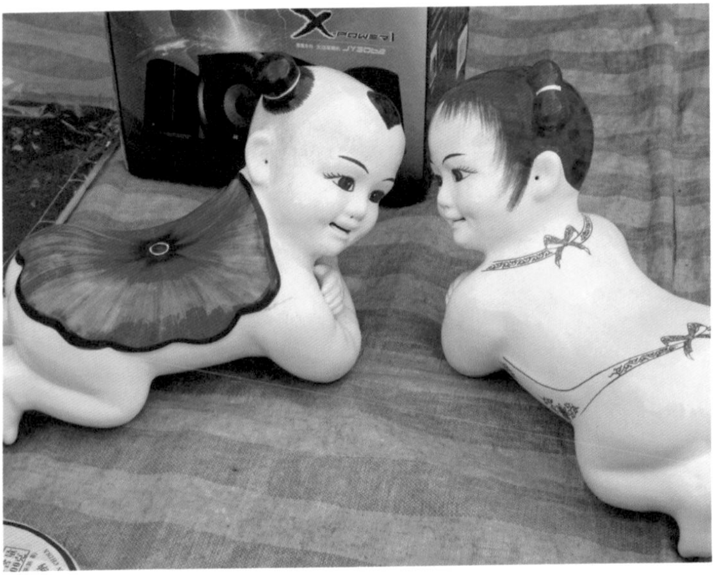

編號四十六與二十二之寶寶，「編號五十一之前都是假的，但我還是買了，呵呵。」買了假貨還呵得出來，在收藏家的世界裡，看穿，也是種樂趣。

黃罐裝的是五十支入長壽牌香菸，背心是蘿蔔牌麵粉袋改成的，熱水瓶製造廠址在當時上海法租界——在場物件，老闆一一細說，帶不來的，就看手機相簿吧。照片裡的他，捧著寶喜孜孜地，像孩子第一次領縣長獎，其中且包含直接向原物持有者收購來的間諜潛伏令、妓女執業許可證等照片，「那是我跟她們聊天聊很——久才買到的。」持有者的一段生命，成了收藏家的懷古想望，進到人家屋內的買賣，得要比在市場上交易來得謹慎，難以金錢客觀定義價值的，或許在懇談中，能慢慢靠近，老件作為商品，背後負載的，太多。

攤上物件都說盡，老闆自車內捏出一個做戒指用的鐵砧，才一根手指大，說家裡車庫內，十公斤到兩百公斤的鐵砧都有，老婆說：「再買鐵砧，你就睡在上面！」老闆做這行，家裡沒有人支持，他的社群帳號大頭貼，是一張與金絲楠木古董桌的合照，該桌要價二十六萬，「我跟老婆說兩萬六。」而小孩覺得和爸爸出門很丟臉，因為爸爸看到喜歡的老東西，就要再三拜託人家賣他，上次只不過是吃個M&M's巧克力，爸爸就想把店門口的巧克力豆大公仔搬回家。東西越堆越多，每個小玩具都要佔掉一小席之地，何況是一張金絲楠木桌？家中外籍看護見狀，推薦他一處寶地——福和二手市集，接著不斷代他把東西搬上車，「老闆趕快載去賣掉！」——一語雙關？

市集裡，老闆遇見太多和他一樣砸錢「買垃圾」的人，他的收藏透過一聲聲驚嘆被認可，即使未掏錢買下，欽慕之情早已奉上，如果交易是換取所需，主顧雙方在心理上，已然達成交易。

逛蚤市最磨人的，是問價那一刻，賣方心中有價，怎麼問都是一百塊，心中無價

的攤主，能在幾秒內看破妳分明喜愛卻佯裝冷漠的技倆，給出一個他們覺得最適合的價格，但通常這個價格，妳都覺得不太合適。寫著「鐵路公物，請勿私用」的圓形鐵路便當盒，前一個人問價時還是六百，下一人就喊成了八百，或許老闆也挑客人，但更常是他忽然捨不得賣，有時即使客人出的價並不差，老闆在應允的一刻，眼中依然閃過像是要逼他把阿嬤賣掉的痛，每一次交易成功，都是一場微型心碎。「收古董的，最後都要走向販賣一途。」老闆無奈表示，這種東西太多決定出清，而一旦有人想買，心又給千刀萬剮的矛盾——唉，必須把那罐裝長壽牌香菸拿出來抽一口。

多數自個兒開攤做古物買賣的人，太難

將這些寶看作純商品，開出高價，或許不只是為了賺多，裡頭可能還包含了「心疼費」，不過多數時候，是為了讓人明白它們的價值，我幾乎能在老闆與知音暢談的時刻，聽見他的元神喊話：「如果你懂，那我送你也好。」

阿嬤給年輕的印尼看護女孩挽著走來，拿起攤上的「勤益羊」遞到女孩面前，女孩看著那斷了一支角的泛黃羊，不曉得是哪來的鬼東西，立刻搖頭說：「無愛（bô ài，不要）。」後來，老闆將那隻勤益羊給了我們，又附上兩個老玻璃鋼筆墨水瓶。

回家洗那墨水瓶，水柱沖上瓶內墨漬，竟然咕嘟咕嘟冒了五分鐘的深藍色湧泉，彷彿重生。

03

基隆崁仔頂魚市

【基隆第九又四分之三月台】

人生目前最危急的事，要屬欲搭晚間十一點四十七分的末班區間車，而四十六分還在車站內狂奔。無車者，要想在開市前自台北市中心抵達基隆崁仔頂魚市，若沒搭上末班車，也回不了家。（好了，計程車不在我荷包考慮範圍內）

踏出基隆車站，不過十二點半，人說三點才是魚市高峰，便在港邊超商小憩，雖說有7-Eleven真好，不過每每那自動門一開，就要夾上靠門邊趴睡的我，像一次一次喪志勸說：「回家睡覺、回家睡覺。」

凌晨三點，步出超商，海風撲面，爽字可言。人人懂得走上通往基隆廟口夜市的路，而有幾人知道，這條路的半途還有個魚市場？

崁仔頂魚市是半夜才出現的第九又四分之三月台，時機不對，只能碰壁。

夜裡獨自燦爛的孝一路上，漁獲正卸下，卡車和三輪車於通道間難以相讓，此時若有遊客如我神遊其中，便活該給連聲叭到天邊。以海為尊的生猛魚市邊，有阿嬤在保麗龍箱拼起的小攤上賣空心菜，一樣從外地來到崁仔頂，我為的是觀光獵奇，但當年從汐止嫁到基隆的阿嬤，討的是生活。那時她看這全場海鮮，肯定有人想要點別的，遂賣起自栽菜，晚間八點就寢，十二點起床摘菜，一點鐘抵達魚市，六十年如一日，如阿嬤預期的，大家確實買完魚就要順手帶走三把菜，銷量好得她沒法天天擺，得休個幾日讓菜長大。

攝影／何睦芸

民國六十七年以前，孝一路所在位置，是一條名為「旭川」的河，自海口來的船隻，順著河進入內陸，在岸邊石階崁停泊，委託石崁頂部的商家代售漁獲，促成了名為「崁仔頂」的海產交易市集。阿嬤過去在岸邊賣菜，接著，旭川河被蓋了起來，小菜攤順勢移到路面上，她指著腳下：「這邊以前都是水啊！」沒想過有天會在河上賣菜的阿嬤，依然激動。加蓋後的旭川河上建了三棟大樓，一樓部分為魚鋪，二樓以上有做住家的、有做小生意的，初期或許熱鬧，如今只存修改衣服的小店一二，招牌掛著而不見得營業。大樓有著商辦空間的開放性，生人皆可入，卻同時作為私人住所，而外頭魚市夜夜燈火通明，在這裡生活，方方面面，都有些難為。菜攤就擺在連接大樓的空橋下方，可一覽成排門戶，「有站街的啦，有賣保險的啦，有偷打牌的啦。」魚市邊隱隱動靜，盡收阿嬤眼底。

就算整夜不離開菜攤，阿嬤也能在收工時提著一袋鮮魚回家，「有人會去喊魚，再來跟我分。」和多數魚市中，一位糶手喊遍全場的型態不同，崁仔頂的漁獲叫賣是百家爭鳴，每隔五公尺，就有人群簇擁著一位拍賣員，數字喊聲不間斷，聽久了都像數來寶，每次價碼下修前都要「嚇！」個一聲，換氣兼預告降價。每秒鐘都有小魚一籃一籃被扛走、大魚一尾一尾被拖上機車前檔載走，點頭成交量像密集的高空煙火，一簇煙花未消逝，又是下一輪炸裂。

魚長眠，人無眠，在徹夜點著超高流明燈泡的魚市一條街，無論是主是客，都像被捲入一場亂鬥，魚市旁空橋下，難以定義為早餐或宵夜的小食攤，成了板凳區，以油蔥粿、炭烤三明治，或奶茶、香菸、咖啡、保力達，撫慰暫從場上退下的鬥士，與戰區接壤的85度C，也因地制宜加開了午夜時段。板凳區周邊亦有海產攤，各有專營項目，顧客知道來這撈點海帶、撥殼蝦和蛤蜊，商家不必在拍賣場上拼搏，也能穩妥營生。附近的仁愛市場，要在魚市休了才接著開張，此時了無聲息，只有豬肉攤忙著解肉，貓咪還在空攤上安睡，外邊生魚片店生意倒是火熱，剛在魚市剝皮去骨的魚塊，立刻運來這裡片薄，每兩價格緊隨魚市波動，食客只管放心。

喊魚高峰過後，攤上只剩疏疏落落的魚頭和小隻魚，求善賈而沽，我的精氣神，也來到了不走路就渙散、不說話就瀕萎的時刻。遙想昨晚出發前，雄姿英發，想難得到基隆，逛完魚市當然得沿河漫步、到廟口吃它個一輪早餐。結果現在凌晨四點半，奇想灰飛煙滅，多情應笑我，癱在超商盹著，等待五點十二分首班區間車救援。撐開眼皮望向漸漸明的粉色天空，下弦月細彎彎掛著，像一抹來自基隆的冷笑：「妳不是要去廟口吃它個一輪早餐？」

抵家六點半，鄰居阿嬤正澆花，誇我真早起，「呃不是，我正要睡覺。」阿嬤心中大概想，現在年輕人實在夭壽，熬夜到早上還自得其樂。但阿嬤，妳錯了，在崁仔頂沒有「熬夜」這個詞，白天就是要睡覺，熬日對身體不好啦。

攝影／何睦芸

04

台北北投市場

【北投三小】

北投捷運站前，有人正遛烏龜，人將牠護在兩腿間，一起龜速行進中，那樣的速度，即使前進，都像後退。北投市場裡，也有像是在時代中倒退嚕的事情正發生，阿嬤賣的手工沙包，被看作是「上個世紀的玩具」；可吃可喝可唱歌、歡迎攜帶外食的茶室，我們說「老一輩才去」；整間店亂不可遏、秩序只存在老闆腦子裡的五金行，眾人稱之「未現代優化」。

這三處，分別坐落於北投市場二樓、場外攤販群及外圍，欲訪茶店，勢必要在市場一樓滿檔鋪位中晃過一圈，始能抵達手扶梯上樓。要找沙包攤，勢必得帶走一瓶消渴茶，因為必經之路上，將有阿嬤蹲在路邊聲聲喚，直到人家買它一瓶。想到五金行，勢必先在挨挨擠擠巷中飽覽街販百態，幸運的話，還可能遇

見豆花車，該豆花據聞是「想吃就找不到」，請務必抱持不想吃的心情。

尋訪三處倒退嚕情懷間的種種「勢必」，將使北投市場的樣貌清晰。

可愛沙包

以菜車為架，壓上一罐一罐花布小沙包，立塊牌就寫著「可愛沙包」。

沙包只佔童年的一小部分，那時比它誘人的東西太多，這會兒看見沙包，記憶轟地跳出來，有種殭屍復活感。

阿嬤手工花布沙包，五入一組，塞在透明罐內，玩法想不起，阿嬤說妳別擔心，「偶有口賊。」接著從腰包掏出小紙卡，正面為名片，背面有雙語「沙包口訣」，閩南語版：「一放雞、二放鴨、三分開、四相疊、五搭胸、六拍手、七圍牆、八摸鼻、九揪耳、十拾起」，口訣要你每次拋起沙包、趁之騰空時，快速做些拍胸、摸鼻、揪耳等小動作，「一晃雞，二晃鴨，三——妳還不像偶熟練，先揍兩個就好。」口中唸訣，阿嬤丟起沙包示範：「一晃雞，二晃鴨，三——」重複了兩次，都停在三，她根本忘了後續，接著一路忘，直到「六拍手、七圍牆」。「六拍手」，趁沙包凌空，雙手快拍一下，「七圍牆」則是雙手握拳在胸前快繞，阿嬤就這兩個動作最熟悉，六和七唸得特別大聲，自信得緊。

賣自製沙包二十年，過去一組八十元，如今一組只賣五十，「以前偶會附口賊，現在就不附了。」市場上所有人都要把價往上抬，只有阿嬤，也沒什麼原因就要為自己的手工砍價，並且真真相信，少給一張紙片，利潤就會回來。沙包內裝貝殼砂，我說怎麼不用綠豆呢？「綠豆洗了會花芽啊！」貝殼砂包，髒了還能水洗，以前的玩具還真是耐，怪不得阿嬤說這不是個回頭生意，人買過一次就不需要再買，因此，她要跑遍大台北覓新客群，人住三重，不定期現身於北投、板橋、濱江市場，就拉著一個菜車，和上市場買菜同樣輕便。

有個五十歲上下的媽媽來了，說曖這不是我小時候的東西嗎？帶了四組，說要教小孩子玩。八十歲左右的老太太經過，一見沙包大呼：「我也會玩耶！」立刻拿了一組要回家自己玩，還問能不能多買一個沙包罐子，「出門可以裝藥。」小攤子前一時間集合了年齡跨度二十到八十歲的人們，「這可以三個人玩！」「對呀，可以ＰＫ。」「我們差不多這年紀都會玩啦！」「就一到十嘛。」阿嬤說，之前有個六歲小孩買了兩組，問他要送誰？「給我阿祖。」

在以民生必需品為尊的市場內，還是第一次看到有人賣這無用之用，生意倒不差，或許人只是需要被提醒，提醒你的生活，有沙包會更好。

謙卑五金行

我想說的是北投市場——旁邊的一家五金行。

此五金行，亂到非常具有一種蓄勢待發的毀滅性，像輪到最後一個人抽疊疊樂，像

排完兩萬張骨牌後，有貓走過來。存貨覆蓋了層架，如果蝴蝶拍翅可以引發一場龍捲風，你會擔心自己抽出這根 116mm 鑽頭，整間店是不是就會垮掉。

老闆已年過七十，有一回我向經常光顧的友人說：「今天去沒看見老闆。」她答以：「那店裡有變整齊嗎？變整齊的話，就可能是老闆換人了。」居然反推出這樣的結論啊！放心，店還是很亂，老闆只是去找貨了。當地客人習慣只進到店門口櫃檯，點餐一樣地說明需求，就等老闆出發到後頭尋。按此生態，店內貨品整理限度是老闆接受即可、走道有老闆身寬即足，嫌窄嫌亂？在外頭等呀你。

第二回來到五金行。「要找什麼？」「沒

關係，我們自己看看。」

膽敢說「自己看看」，因為我們一致同意，店門口好像變整齊了，我甚至懷疑，是不是來了個滿懷整頓抱負的新僱員？不過到了進門五公尺處，我就看見那新僱員的熱情燃燒殆盡，一切是表象，一切是虛空，混亂依舊，能走的通道越來越窄，腳邊開始出現散沙一樣的螺栓，前頭還擺得邊緣切齊的紙箱，此時扭曲變形，整個現出了「給你走都是可惜了空間」原形，那簡直比早上九點的北投市場還要窒礙難行，人還跟你邊擠邊挪位子呢，這會兒身邊都是些硬梆梆的東西，嫌擠？你自己縮骨哇。

有樓梯向上，側邊牆上疊高至天花板的密集藍色小櫃，像海嘯近岸波高放大，人在樓梯上小跑步，心裡想：「它要壓下來了嗎？它要壓下來了嗎？」我幻想自己對這面櫃子拍出一掌，整面牆的螺帽肯定反向噴射，頭頂上的壓克力片和鐵網鋼管連帶蓋下來，絕對銷魂。二樓有一片沙灘——螺釘沙灘——我想要一個內六角鈕扣頭螺栓，有人可以找給我嗎？不過我們也一致同意它的高度被削弱了，過去可是螺釘丘陵呢。走道間的抽屜櫃是沒什麼用，畢竟抽屜意義在於「能向外拉」，可如果連站在櫃子前的空間都不足，那也是看著抽屜無奈失笑——著笑著就哭了。

正努力縮身自水管和延長線捲間穿出，不知何處傳來馬桶沖水聲，接著緊鄰我右方的整面金屬掛勾牆向後一退，有人從——原來那後頭是——廁所出來，心臟差點沒從嘴巴嘔出來，像霍格華茲新生入校，動輒被突然活過來的畫像嚇到。又如果你夠細心，會發現廁所旁還有個洗手台，不過有撈魚竿和拖把柄圍著，想靠近也是不容易，阿伯上完廁所沒洗手，可以被原諒。

如此障礙，店內卻有個我認為絕頂聰明的設計。老闆在每一格存放五金接頭的抽屜前黏塊膠布，在上頭手繪個別抽屜內容物，非常好看，使人有閱讀手繪接頭圖鑑之感，朋友看了，只悠悠地說：「隔壁的優化整潔五金行，大概會直接拍實體照片，貼在抽屜上。」也對，這才絕頂聰明吧！緊鄰此店的，是當地人俗稱之「超整齊五金行」，據聞兩家屬親戚關係，客人若有急件，常直接走進隔壁，快又準，但要是不趕時間，都願意站在門口，「慢慢等老闆找貨、看他慢慢走回來、慢慢寫收據」，價格畢竟便宜。

總是進了這五金行，就想對店內八方五金們懺悔，「不好意思，是我擋到你們。」若有通道過得去，那是他們慈悲，不是你應得。這約莫是台灣五金權益最高的所在，眾生依自由意志癱軟各處，老闆只作為代理人，在最低影響限度中，去尋求、去發掘，在這裡，必須將自己縮到最小——心理上和物理上——我稱之為，謙卑五金行。

朋友宣告：「我靠自己的力量找到鐵鎚了！」那是她的里程碑，雖然，她還是沒找到對應尺寸，有勞老闆從另一個並不是放鐵鎚的地方，找出來了。看老闆背著光源、駝著背縮著肩膀朝櫃檯走來——看世紀末向我走來，他是再一次達成任務的超人。

下回，當老闆招呼你：「要什麼？」千萬別客氣答以「我自己找」，他是，真心問你。

秀蘭小姐已出嫁，還開了茶屋

北投市場二樓，有些謎一樣的小空間，錯落分布於生鮮肉攤與小吃店間，其存在性，午後散市才顯得出來。大約是嫌窄，二或三、四張桌自小格間擺到外頭來，桌上多有一盒紙巾、幾盤瓜子和一壺茶，作為凝聚桌邊人的介質，作為，以茶之名販售一段相聚時光的「茶店」。

Hello Kitty與憨笑招財貓，玉石項鍊及福神公仔，把一坪大一點的格間弄得雅緻起來，招牌印上「秀蘭茶屋」卻不見秀蘭，只有電視正播映美國警察緝毒實境秀。

阿伯身穿黃底褐色條紋衫，蜜蜂一樣飛近，我問：「秀蘭呢？」

「秀蘭去看醫生。」

此乃秀蘭之老公。

茶屋開張二十年來，維持著「不論幾人，一泡兩百元」的行情價，附上免費瓜子和蜜餞，沒有人均低消、不禁帶外食，還能代叫隔壁滷肉飯外送上桌。熱水注入茶壺，老闆默誦茶葉回沖時間距：「第一泡五十秒、第二泡四十五秒、第三泡——」壺一拉高，茶葉給水柱沖得溢香，上蓋，壺面澆一碟水，待水漬散去，就是泡好了。言談中，茶杯不時被添滿，作為不能領略飲茶之美的人，只能杯杯當開水喝，慣性就口飲盡，結果便是膀胱脹，好在茶店坐擁廁所第一排之絕佳地理位置。去一趟回來，杯子又滿了，不喝不是，喝了更不是，恰逢秀蘭自診所返來，夫妻倆合體為斟茶小組，方桌上的杯盞保護戰，於是膠著起來。

同樣是一杯再一杯，酒吧裡的人隨時間綿軟，茶室卻是一個坐越久、精神越好的地方，惱人迴圈在咬下開心果的一刻，「喀」地有了破口，寵辱並不皆忘，寵辱在言談間泡開，與眾人共飲，甚至回甘。八泡後的茶葉軟靡，被用來抹了抹高山茶專用的淺色陶壺表面，老闆稱之「養壺」，告誡壺內不能抹，茶葉渣要是卡進內壁的毛細孔，「下次把熱水倒進去，就直接變成一壺茶了。」作為不能領略飲茶之美的人，心裡暗想：「真是挺方便的。」

每天下午兩點，是眾茶室旋開伴唱機鈕高歌的時刻，最初早上十點即開唱，卻讓同在市場內營生的攤販，怎麼喊，都喊不過〈流浪到淡水〉、喊不過〈另一種鄉愁〉，遂訂定午後兩點攤販歇了嗓子才開之規則，不過老闆看了看錶，表示他待會兩點要去釣魚。秀蘭茶屋封嗓已久，說當初一萬三千元買下伴唱機、訂製保護箱八千、唱機版權費六千，申請執照後，花了幾千元灌新歌，才發現客人都不愛唱那流行歌，開機次數日減的伴唱機，成了電視櫃。裝著伴唱機的雕花大木箱，典雅大氣，上頭貼了帽子歌后的海報，寫著「一生精采」。不再K歌的秀蘭茶屋，在眾茶店間走出一條清新路線——「我們這邊的特色，就是很安靜。」

市場週一休市，茶室跟著休嗎？「茶每天都要喝啊！」老闆語氣那樣震驚，彷彿我剛問的是「人每天都呼吸嗎？」如同秀蘭夫婦二十年前開業的理由，就只是為了有個地方能隨時和朋友碰頭，以茶為名行相聚之實，茶本身都顯得虛無了。

八泡茶後，連小碗滷肉飯都吃不下，三泡尿後，卻狂餓起來。

茶真是個虛無的東西。

隔年，再到市場二樓，所有茶店都和「秀蘭茶屋」一樣，不唱歌了，疫情緣故，那也完全無礙眾人於各角落聚首哈拉與哈菸，單靠肉嗓，就能撐起市場的午後熱度。秀蘭夫婦的茶屋外邊，正好是最鬧的一桌，一扇門隔起兩個世界，老闆在水晶珠和凱蒂貓之間修指甲，喀喀喀，她們走的是安靜路線。秀蘭今日沒來，休假去了，「下個月開始我們要休假一年，至少。」二〇二二下半年，北投市場改建工程將啟，臨時興建的中繼市場，坪數不足以支應原來市場的攤販量，茶室並不打算搬過去，「反正我們這個喝茶，不是民生必需嘛，可以不開。」

可是老闆，我以為你說茶每天都要喝、人每天都要呼吸。

05

台北萬華西寧市場、電子商場

【西寧雙俠】

多虧了那個發不出聲音又已經過保固的喇叭，我第一次踏進西寧市場。

在那之前，我們捧著喇叭到市場旁的西寧電子商場，從溫度計到電阻計，監視器到輻射偵測器，此處匯集各樣電子材料的買賣，同時，任何電器相關疑難與雜症，都能在這裡尋得一手修繕的功夫。走了一圈，決定將壞喇叭交給「浙平音響」店內，那正在調整機器旋鈕的大伯。

「浙平音響」第一代老闆，自家鄉浙江省平陽縣來台時，原本只是奉爸爸的旨意，來叫哥哥回鄉討老婆，卻遇上內戰，被迫滯留台灣，最後是自己娶了老婆，還創立了以家鄉為名的音響店。一九六一年，攢錢入駐中華商場，「忠、孝、仁、愛、信、義、和、平八座

商場，每座都有公車停靠站！」附近唱片行門庭若市，音響和伴唱機買賣修理生意，自然也好得不得了。音響店現任老闆在那樣的絕代風華裡長大，說起中華商場，他特別記得裡頭的北京烤鴨實在好吃，以及對於「有些南部人在二樓開小吃店，價格寫很小，吃完才收一堆錢」耿耿於懷。一九九二年中華商場拆除，老闆隨之退休，幾個月後，由兒子在西寧市場重起爐灶，生意看似不能和往常相比，但由於做的人少了，顧客反而仰賴這少數修音響的師傅，店內還擺著南部客人特地送上來修的音響，老闆依然日日在兩坪大的店內忙著。

•••

電子街隔壁的西寧市場，一樓一邊專營素料零售，另一頭則有幾間南北乾貨店，門口吊了墨魚乾、章魚乾，還有串串捲翹乾魚皮，一大朵一大朵，像海中水母鬚綻放。素料葷食各據兩頭，氣味南轅北轍，卻共有一種不知是自貨物、還是顧店人的老態生起的陳舊味道，就連牆上那寫著「注意此人」的監視器畫面公告，還是我七年前看到的那張（順帶一提，那通緝對象，長得還真像金城武）。

顧客稀稀落落，阿姨在名為「白嘉莉」的零食舖前，背對人悠哉嚼著燒餅油條，佳麗風采不知是否依舊？舖旁無人出入的雙開自動門，一扇寫有「西寧市場」，一扇寫著「歡迎光臨」，卻疑似因故障而關不起來，穿圍裙的婆婆坐在一旁，拄著臉打瞌睡。

樓梯通往地下室，還在台階上，生肉味就如海浪襲來，如果肉味看得見，那肯定是風吹水面瘋狗浪，而我在浪尖上衝。相較於上頭清閒的氛圍，地下層可是如火如荼地，分解獸肉中。每檯肉案，列三五人操刀，雞豬牛羊按部位吊掛於上方橫亙的數條鐵桿，一桿是一道肉簾，撥開一簾，又見一簾，不是幽夢，而是密密實實堵在眼前的豬頸肉。淘洗內臟的水箱、瀝水用的塑膠籃在各處疊高，地上橫流血水接起走道兩側，工作中的人多但話不多，得細膩而迅速肢解每頭被送到檯面上的獸，否則台北一日的食材供應版圖，便會失了一塊。

正要轉身探探另一邊的蔬菜區，夥伴忽然說：「咦，這裡有往上的出口耶。」又過幾分鐘，「哇，這裡也有出口。」「這裡也可以往上。」向上的樓梯確實四處都有，但，有必要如此關注出口位置嗎！在她第四次發表「這裡有出口」的言論，而我還繼續觀察那一叢插在水裡、估計販售對象是附近移工們的新鮮香茅後，夥伴終於坦承：「我其實

是想說，我們可以上去了嗎？」撲面而來的腥肉浪，實在不是每個人都衝得起。

清晨開張的市場，和午後營業至晚間的電子街正好錯開，回到「浙平音響」，老闆說那喇叭修不了，零件被焊死了，拆不下來，得送回原廠讓公司直接換上一個新的面板。修音響的技術，在於能將面板上的單一零件取下並更換，但對廠商而言，或許因為製造已是如此容易，有時並不在乎一個零件，若有局部損壞，給你換上一套新的便是。

老闆秀出他和同行師傅在 LINE 上討論這顆壞喇叭的對話紀錄，不時有「唉」字出現在對話中，他們都知道喇叭是哪裡故障了，卻不能修。

06

台北信義福德市場

【過這個村，沒這個市】

台北市信義區福德市場，起自忠孝東路五段七九〇巷，跨越中坡南路，進入福德街二三二巷、二二一巷，直抵虎、豹、象、獅四獸山之一的虎山山腳。看似羊腸九曲，其實是給路名誤了，不就是一條長長的路直通到底嗎？儘管中間有幾個路口攔腰截斷綿延的攤位，它們都毅然決然蔓延到下一條巷內，因此即使路口皆設有號誌燈，也是僅供參考，在市場範圍內，人想過馬路，那便是綠燈。

尾隨人潮在紅燈中過了馬路，看見魚販腳邊的保麗龍箱內，除了三尾活魚，還加入一些小金魚，給顧客買魚兼付費撈小魚，而這生機勃勃的水族箱旁邊，放的是一袋袋魚丸——「死亡，離我好近。」魚說。

行至路口，部分人群洩往右邊小道，聚在一家早餐店前守著現炸獅子頭起鍋。煎台前，大姐眉頭緊蹙、眉尾上挑，英氣十足煎著蛋餅，牆上貼有兩張正旦扮相的劇照。過去在中國唱平劇的大姐，到台灣成了歌手藝人，演藝事業顛峰過後，開了這兼賣四川涼麵和江蘇獅子頭的早餐店，煎台前的前平劇演員，舉鍋鏟若揮馬鞭。店內除基本中式早點項目，還多了獅子頭飯糰、獅子頭蛋餅，雖吃來是獅頭歸獅頭、蛋餅歸蛋餅，兩方似無交融之意，但一早就吃獅子頭，怎樣都覺得今天會獨佔鰲頭——或嘴角有點油。

店前坐著一隻灰狗——喔，應該是黑狗，不必戴項圈，市場裡的人都知道那全身沾白粉的狗是誰家的，附近那鎮日白噗噗的製麵店，偏偏養了隻黑嚕嚕的狗，麵粉使牠看起來，比實際年齡大。麵粉狗的活動範圍，除了店內各易落粉的工作檯邊，且涵蓋斜對面那包著包著不時掉肉末的水煎包攤子，更常一路順行至虎山山腳，在市場內，常一轉頭便發現麵粉狗在腳邊，那也沒有別的話可說，惟有輕輕地問一聲：

「噢，妳也在這裡嗎？」

●●●

麵粉狗的散步路徑終點，就是路面即將緩升的巷弄交會處，那裡正好是有著仿歐風拱形對開窗的理髮廳所在，還在門前張望，那窗忽然被推開，滿手白泡的阿姨瓊瑤式探出頭：「這个窗仔門古錐乎（這個窗戶可愛吧）？」邀請我進店內推推她引以為傲的小白窗。推著推著，就坐下來要洗頭了——我想這推進推出的窗，大概是變種的招財貓手。阿姨在我頭頂擠上洗髮精，她的回憶，即將跟著泡泡一起搓出來。年輕時候到台北，在後火車站一帶當了好多年的洗頭小妹，而後輾轉於各處給人聘僱，直到民國六十八年落腳福德街，雖然沒有招牌，她依然為自己獨當一面的理髮廳起了名字——「嘉惠」。

平素在家一百秒洗完頭的我，坐在椅子上，來到第二十分鐘，想著阿姨說以前「黑美人」酒家小姐來燙頭髮，一次十塊，當時錢是大，不過現在洗個頭要價一百八，也非小錢，看向鏡中頭髮和著白泡被抓成泰姬瑪哈陵的自己，想著給人洗頭這檔事，豈止是奢侈。阿姨引我到牆邊躺下沖頭，昔日生意鼎盛時，這面牆邊還有兩個座位，「有喜酒的時候，洗到齁——」那些要洗的頭，多到無法與我言數，只能向一旁歲數相當的客人投以「妳懂那個年代吧」的眼神。講起過去女兒學校辦母姐會，全班的媽媽出席前都要梳頭，只有她忙到不能去，「我女兒一直哭、一直哭。」現在做生意的節奏是頗舒緩，傳統理髮廳盛世已過，除了人們習慣改變，對阿姨來說，還有一個轉捩點：「民國一百年左右，上面的一來，我們這些都倒了。」

「上面的」，指的是約作為坡地起點的奉天宮再向上、過了瑠公國中後，沿路開設的理髮舖。或以鐵皮，或以帆布、木片做隔板的小空間內，擺張凳子，牆邊靠個全身鏡，手持剃刀一把，就能開業，挑戰理髮最低標配。其中椅子能靠背，剪刀超過一把的，已算中上；給顧客有「公雞頭、明星頭、羽毛頭」選擇的，堪稱意外；裝有日光燈，還有燙髮機隨侍在側的，店名取作「高等髮院」，也是當之無愧。風格隨人，下限各異，理髮均價一百，頭髮過長的我，捏著一張百元鈔在店前徘徊，三過髮院而不入，看著諸位理髮完畢走出舖口的阿桑阿伯，心想我終究是擔不起上個世代的美感。

•••

蜿蜒向上，近山區的小販營業生態，總有那麼一些不在節奏點上的漏拍感。阿姨在人行道上的兩棵樹間牽起一條曬衣繩，夾上大件小件的衣服，直到看見上頭寫著「一百元」的牌子，才知道她，不是在晾衣服。小發財車的車斗平檯，成了殺魚砧板，盯著那些圍在車邊對付俎上肉的人，只感覺這魚攤負責殺魚的人們，也未免，太不俐落！哪個不是手伸得直直的，唯恐離魚太近，翹著小指刮魚鱗，耍起菜刀也嫌文弱，還得用鐵鎚敲刀增加力值。殺魚七人，卻聽不見應有的利索剁剁聲，只有來回「割」肉的尷尬，連那些死魚，都感覺折騰。

一會才知，這是群殺魚素人，老闆只賣不殺，顧客在旁邊攤位選好魚，就要自己拎到車斗上殺，以至於處處皆是以拇指食指捏著魚尾的人，提在身前，為防血水滴落腳，一方進來一方退，儼然和烏魚跳起探戈。少了服務費，魚是特別便宜，為著兩條一百五的大魚，總有人願意挽起袖子豁出去，我看那阿伯提著一條魚，蹲在水缸邊要洗不洗的樣子——加油，好嗎？

再向上，有小哥從鐵皮屋內出來喊客：「一條歌十塊！」那是早上六點就開機的KTV，對面賣丸子的阿姨慫恿我去唱它一條，好讓她邊做生意邊聽歌，畢竟一唱下去，那無隔音鐵皮屋，將使方圓十五公尺都成搖滾區。此時九點半，距阿姨收攤時間不遠了，靠山的攤位，開業時間隨海拔升高而遞早，四點開，十點收，由山下的福德街攤販接力營業。

越過所有小販，可以繼續向上，由虎尾爬上虎背，登上海拔一百四十公尺的虎山峰，回想從平地走進市場前，遇到的第一家菜舖，對聯貼著「過這個村沒這個店，有酒有菜現金自帶」，作為上山前的最後一個市場，倒是挺貼切的。

07

新北中和華新街市場

【一家吃飯萬家鄉】

吃的一樣是咖哩雞麵，對桌阿姨的那碗，硬是多了幾條狀似海帶的東西。

「妳沒有？妳怎麼可以沒有！」問得我都義憤填膺起來，阿姨立刻到廚房蹭了幾塊給我。

那是橫在店門口前、幾根比腿粗的芭蕉假莖，削成小塊煮熟，就是為軟糊糊的緬甸魚湯麵增添脆度的關鍵。這家緬甸小麵館內，電視無間斷播放佛經，牆上貼有碗數與價格對照表，一碗七十到二十碗一千四，那不誇張，隔壁先生桌上那兩碗還沒吃完，已先外帶十三份。碗裡的米線，澆上奶黃色滾湯，灑點油蔥香菜紫洋蔥，「要加炸豆餅嗎？」——椰子麵上桌！

為我蹭到芭蕉莖的錦春阿姨是個緬甸華僑，老家在總被稱為「瓦城」的曼德勒，「那個泰式料理會叫『瓦城』，是因為他們以前合夥人有一個是緬甸歌手啦。」錦春知道我要問什麼，先堵了我的嘴。定居中和三十有五年，她在這塊土地上活得老練，說要帶我逛一逛這條街。

新北市中和區華新街，總被暱稱為「緬甸街」，緬甸華僑來台後，部分聚居於此，小吃、雜貨店滿滿，一樣的食物，街上就有好幾間店賣，比如多分為甜奶油與鹹豌豆泥兩味的烤餅。問烤餅哪間好吃？錦春覺得是個傻問題：「一樣！」靠牆砌起的直立式爐子，開了個大圓孔，大姐擀好餅就貼進爐壁內烘，她的公公在另一頭也擀皮、下油鍋做奶油煎餅，而她眉眼深邃如梁朝偉的先生，調咖啡、做奶茶、沖好力克，兒子端起茶盤餅盤，磕磕碰碰四處送餐。店前小方桌，總是圍坐叼菸呷奶茶的大叔，意思意思點幾塊餅，用家鄉話聊過一個上午，緬甸露天茶館文化，又在騎樓下崛起。

雖被稱作緬甸街，然因飲食習慣交疊，消費族群也不乏東南亞各國新住民和移工。拐入華新街三十巷，那兒有個傳統市場，入口堵了一輛阿婆菜車，上頭的可食植物，擺得像座小熱帶雨林。二戰後避難來台的印尼華僑阿婆，除客家酸菜和梅干菜，也賣久煮不爛只宜醃漬的厚皮小圓茄、帶香氣的沙薑葉與其塊莖，還有那一把青綠的「紅絲線」，煮滾，就成了一鍋紅的止咳水。將阿婆口中的「印尼香菜」買回家，按外觀對照圖鑑，才知它正式中文名是「刺芫荽」，只不過它同時被稱作「日本香菜」、「越南香菜」、「泰國香菜」、「美國香菜」，大概是誰在哪裡看見刺芫荽，就給了它一個歸屬地吧。

當我們在不同攤位上第三次撞見那位印尼太太，她都不好意思地笑了，說找了好久，都沒人賣芭蕉葉。與台灣丈夫結婚後，她在內湖販售自製甜點，斑蘭葉加入糯米，煮到比稀飯濃稠，蓋上一塊芭蕉，最後，需要用芭蕉葉裹起來。為了取得食材，她在市場內踩出一條通常購物路線，不過今天，芭蕉葉已連續於三處撲空，她想，最後那由聽障夫婦經營的攤位上，總會有吧？不巧這天老闆正好沒採葉，印尼太太也只能拍拍臉頰——那是她與這對夫婦的溝通方式，輕拍臉頰，代表「明天」，「明天我會來買芭蕉葉。」

繞進室內市場前，有賣水果的阿伯大喊：「買酪梨喔，酪梨加到伯朗咖啡裡面，印尼口味好喝喔！」錦春回頭瞅了我一眼：「真的假的？」

室內沒有照明，小鋪日光燈管與白熾燈泡，零零星星亮起，天花板生苔似的黑成一片，只在油漆剝蝕處現出斑駁的白。就幾個攤子賣豬肉和台式傳統糕點，亦有小吃兩三家，賣意麵粄條，賣稀豆粉和紹子粑粑絲，錦春有自信而腳步不停，直視前方左右手輪番比劃，「這個，好吃。」「這個，別吃。」南北貨鋪前吊了一排蔽住視線的白木耳、紅袍辣椒和乾香菇，瓶罐以畢業照陣列成排往上堆，各國各牌魚露全數集合，不忘安插馬祖蝦油和龜甲萬，說什麼民族大熔爐？這裡便是。台灣籍店主夫婦操著一口自學緬甸話，流利到每回錦春來，三人都特以緬語溝通，日日八小時與人正面對決的交易場，就是語言學習最前線。

錦春不喜浪費時間，帶我走到一面牆前說要出市場——我說現在是，勞山道士要帶我穿牆？一個矮身，從左方捷徑鑽出，拐個彎抵達小舖「阿美家鄉口味」，用家鄉話哈拉一下。不在市場一線戰區內，外頭的舖子顯得更有餘裕打理貨品，櫃台上疊放七款椰奶罐，圖樣都被調整至相同角度，老闆在後方伸出手，把檯面上賣剩的小麥椰子糕、黃薑飯、層層糕重新擺放，還要撥空為客人剪開廣東粽上的棉線。專程來買貨的顧客，會在意用糖就得是椰糖，咖啡要選越南威拿三合一，蝦米醬必需是「阿美」的口味，這樣的小店，讓人飲食不屈就，我喝奶茶，我就要加泰國三花甜奶。

⁂

折回華新街上，雲南菜餐廳仗著店面大又寬，逮住好天氣，大肆曬菜。芥菜梗以橡皮筋繫起，晴天娃娃般小束小束掛在鐵絲上，帶葉的芥菜用衣架撐開來曬，遠看像誰家晾著草綠色長襪。街上處處有人賣醃芥菜，形似大片一些的台式酸菜，不過裡頭還摻了辣椒胡蘿蔔絲，固定在巷口賣雲南小點的阿姨說，炒肉啊，拌飯啊，加泡麵啊，做湯底啊，都可以——看我不為所動，「直接吃也可以。」沒想到我懶得煮的表情，這般明顯。大哥晃過來，阿姨介紹：「他是我鄰居，跟我一起過來的。」在雲南比鄰，到了台灣也作鄰居，對阿姨來說，沒有所謂「他鄉遇故知」的相惜，「我看他看到都膩了我。」

錦春心裡急，不等我聊多久就踱著我走：「我們去緬甸廟拜拜。」正想著店舖相連的華新街一帶，怎容得下一座廟？錦春就要我脫鞋入廟。這廟，外觀看似尋常店面，裡頭卻供著一尊晶瑩透亮的綠色大佛，錦春在佛前跪下，姿態緩緩，何其優雅，磕了幾個頭，人又蹦起來，「疫情結束後，我帶妳回我們仰光拜拜！」我也真是好會交朋友，認識不到一小時，就讓人願意帶我回家拜拜。

錦春帶路，這趟走得雷厲風行，在這條我過往總以模模糊糊的「大東南亞」印象看待的街上，背景各異的移居者，或欣然選擇、或硬起頭皮經營著生活。印尼太太總算買到芭蕉葉，趕著回家陪一歲大的兒子；賣醃菜的阿姨，強調自己作為土生土長雲南人，只是覺得

台灣不錯、想來看看；印尼華僑阿婆，在小島上緬懷荷蘭政府統治下的群島。百種遷移，千種滯留，可能一生不會碰面的人，因為身體都渴求那一葉香草，在市場上建立起日復一日的買賣。

華新街上，以「家鄉」兩字為名、為精神開張的店鋪不知凡幾，使人心有所繫、胃有所託，誰的家，誰的鄉，一家吃飯，就萬家鄉。

08

南投埔里第三市場

【第三市場化】

對埔里第三市場的認識，起初由當地朋友們的日常碎語中獲得——「第三市場巷子裡那個豆花不好吃。」「豆花對面那個香椿抓餅，吼，豪好吃。」「還是我們去第三市場逛阿桑古著店？」「熱死，去第三市場吃冰啦。」口口聲聲「第三市場」，我懷疑她們是不是已經「第三市場化」。

位在埔里鎮中心街區，市場建物周邊店家攤商密佈，若拍下街景，遠處有群山打底，連棟屋子岔出交疊錯落的店招，下設帆布棚，棚下有攤商，路面順向是行人，逆向為機車，豐足之景，堪比郭雪湖描繪大稻埕中元盛況的《南街殷賑》。

除了街販，市場外邊尚有個集中攤區，

之中鋪有橘黃花磚地板的位置，標誌了原漁獲拍賣處。以魚市場來說，它實在迷你。民國四十八年成立的埔里魚市場，原本即是年交易量噸數最低的五等魚市，國道六號通車後，盤商皆能自行至漁港採購，交易量瞬間滑落，半夜喊魚的生態，不久便結束了。承銷人交易顯示燈號牌上，還掛著二十多個名牌，為最後一批在埔里魚市喊到魚的人們，留下了紀錄。

魚市不再拍賣，海鮮類攤販依舊習慣聚在周邊。今天有人來賣土虱，以帆布和簡易木條搭起土虱游泳池，老闆見眾土虱安穩不動，踢了泳池一腳，土虱群又驚得活跳起來，魚的慌亂，被當成新鮮的表示。對面阿姨過來吩咐一尾最大的，老闆自池內捉出老大，甩到柏油路上，瞄頭敲了一記、兩記，土虱登即暈了過去。一旦有人買魚，眾人立刻聚上圍觀，土虱在暈眩中被剪開下巴，老闆菸叼著就赤手探入魚體，掏心掏肺，整尾摔在砧板上，斬成六塊。比鄰刑場，池內土虱在剁剁刀落聲中又安靜下來，下一尾最大的，小心了。

•••

另一頭賣男女內衣的攤子，持續發出「嘎，嘎阿——嘎嘎」聲，嘎了半天，才看見攤旁擺了個籠子，一隻藍色鸚鵡正在啃埔里百香果。阿姨喚牠「嘎嘎」，我複誦一次：「ㄍㄚˇㄍㄚˊ。」阿姨說No，「ㄍㄧㄚˇㄍㄧㄚˊ。」只要受到拍手鼓勵：「你好棒呀你好棒！」小鳥就會左右擺頭，不過阿姨最得意的是什麼呢？是小鳥會叫她的名字——「寶春！寶春！」台語發音。民國七十一年，寶春嫁到埔里，不知該做什麼掙錢，「彼陣就開始畫柴尫仔。」為即將銷往美國的木偶或聖誕裝飾上色，是當時許多台灣人的家庭代工。十角為一塊，十分為一角，畫尫仔的工錢以「分」算，「把小天使一對翅膀漆成金色，賺七分錢。」眼睛畫成藍色，皮膚塗上嫩粉色，一人一筆，送洋人小天使回鄉。

阿姨賣內衣的日子，比我活著的時間還久，兩眼眯一眯，就能知人罩杯。她對我眯眯眼：「不到A罩。」——欸，我有問嗎？阿姨說以前人孩子生得多，家裡有幾個女孩就要買幾件內衣，少子化最直接的影響，就是奶少了好幾對。告辭前，阿姨分享了一個玄秘的知識：「嫁老公之後，胸部會變大。」「因為生小孩？」「不是，就是嫁了之後會變大。」

埔里第三市場室內區，是如今台灣地方市場中，少數熱絡度與外邊街道有得拼的，舖位接連開著，老牌肉案佔多數，近來還多了可供人平躺的霧眉修容攤，地方關懷福利協會也租下一處，提供一輪按摩與一杯咖啡。提著相機在場內晃蕩，「妳們是暨大的嗎？」這是今天的第三次被問，菜攤大姐見我們，便想起那群來幫她挑菜的大學生。埔里暨南大學的服務學習項目之一，是到第三市場攤位幫忙，「我一看就知道，這些小孩都沒煮過飯啦。」又說後邊那雞肉攤，是服務學習的搶手點，因為「福利比較好，有滷豆乾吃。」

二〇一九年六月，第三市場外邊攤區遇大火，裡頭多的是瓦斯桶與棉被布疋，「不到十分鐘，就燒掉一大片，我衝出去拼命幫忙搬貨啊。」同為攤商，大姐特別明白人家逃難之餘，對貨物的心疼。七十多個攤位燒了，論重建時，才知那塊地產權除鎮公所，尚包含縣有地及國有地，無法就地重建，只能按原都市計畫地目改為停車場，幾個攤位重新整頓後，便自外頭移進來，災後，室內市場是更熱鬧了些。市場有二樓，賣鴨肉的老闆娘稱它是「關蚊子用的」，而蚊子 check in 前，二樓開著軍公教福利中心，後改為「聯合超市」，阿伯湊過來插話：「超市倒後，我建議公所可以開卡拉ＯＫ和舞廳，

結果被說名目不符。」嗯，阿伯，最佳勇氣獎。火災之後，幾個改衣服的攤子就遷了上去，這一行不算好賺，卻是劫後能最快再起爐灶的事業，手藝隨身，車機還在就好。

第三市場內的店家都掛了大塊彩色招牌，上頭的手寫字體和圖樣，絕對是數十年前的功夫。昂首大鵝及呆面番鴨，和那隻羽毛被細細描摹的火雞並列，草地上的飼料也一併附上了，右側小字印著製作商「東方」，這家做招牌的，可是包辦了市場內近一半的手繪及割字店招。出了市場，兩條街外的同聲巷內，我又見「東方」。

靠近巷口的菜刀店，招牌精巧繪上各式刀類和工具剪，預先為鄰居「東方招牌社」

好好打了一場廣告。自報來意，說我慕市場內的手繪雞鴨鵝而來，老闆說那都是爸爸畫的，一隻雞要畫一天——招牌上有四隻呢。仍是個孩子的時候，他就跟著爸爸四處去收招牌，拿回家裡補漆、重新上色，售後服務至此，無怪市場內的招牌能懸在那兒動輒二、三十年，「所以做這行會餓死啊。」第一代老闆從布袋戲舞台背板畫起，也畫寺廟門上的神明，民國四十四年，招牌社對面的「南天戲院」開張後，又畫起電影海報，老闆說，當時爸爸的巨幅手繪海報就掛在巷口，而旁邊是埔里第一市場，民生和娛樂連成一氣，踵趾相接，盛況空前。

有了電腦，排版印刷一個下午可以完成，效率高了有些賺頭，現任老闆才敢將這一行傳給兒子。店前大桌上擱著的，過去是粗細各異的畫筆和色母，如今是電腦排版製作的壓克力對聯，正待附近爌肉飯館取貨。等人家取貨，也是後來才有的事，早年招牌做完還得負責到店安上，而由於事業囊括日月潭一帶，「我們還要跟著招牌，搭船到德化社！」

•••

第三市場一帶的二十四小時，對埔里人來說各有意義，凌晨至中午作為生鮮菜場，而下午，是門前小販收攤後，騎樓下店家出頭的時刻，藥房銀樓牙科服飾店，民生事項得以於周邊辦妥——我的耳洞，亦是在那裡辦妥的，市區穿一洞一百五，在第三市場，一洞六十，兩洞一百。傍晚，市場戶外攤區再崛起，並進化為夜市大排檔，鑊氣炒飯握壽司，烤玉米與麻醬麵，蒸餃搭肉粥，再切一條紅燒肉。想起某天，我們一行人在雨中摸黑下日月潭水社大山，晚上九點返回埔里，食店關得一間不剩，只有第三市場那豬腳麵線還開著，我們的熱淚，豈止是盈眶。

一個百無聊賴的午後，埔里朋友跨上她的野狼一五〇：「我們要去哪玩？」

「去第三市場好了。」

沒啥目的，但八成能滿足我們，發現自己居然如此自信時，我感覺我已經，第三市場化。

09

苗栗通霄市場

【年年紅豔豔】

我感覺通霄鎮上的店家，特別流行一件事，就是將店名當作春聯橫批。

「仁愛米糕麵店」、「裕豐」、「長發鐘錶眼鏡刻印行」，事業成了新年心願，一塊火紅鎮在店頭，民宅門口也都貼了手寫聯，那撇是一樣刁鑽，捺是一樣厚重，鎮上的春聯都像是出自一人之手，而明明是農曆年前，撐了整年的紅紙，都宛如才貼上那樣亮麗平整，沒有給海風搧過的痕跡。

人稱「媽祖廟」的慈惠宮前有區矮房子，高度甚至不及四周民宅的一層樓。那天大雨，外邊進入房舍群的通道窄，得先將傘收攏，淋著雨入內。裡頭是數間獨立的小木屋，有一式一樣的窗框和鐵門，走道筆直等長，堪稱棋

盤。斜屋頂之間都蓋上透明擋板，雨中自此有了一處任人晃蕩的乾爽地帶，陰陰日光透進，映著小屋牆上的蒂芬尼藍漆，一片慘綠，有些奇幻。

通霄人多以「廟口市場」指稱這如今也沒幾個鐵門拉起的矮市場，之中尚開業的店舖成了眾人腹肚所依，油飯肉羹熱氣蒸蒸，女子倆急急添飯澆滷汁，端給桌邊一圈彷彿今朝沒了羹與飯、便不知該何去何從的中年男子。靠馬路一側有幾個開放式攤檯，一體成型的水泥檯，最初即為不同的營業項目設置，三層階梯式的、貼上磁磚的、底部挖了排水孔的、內嵌木抽屜的，而今不論哪一款，都成了一旁魷魚羹店阿姨暇時歇坐的水泥椅。她在台階上晃晃腿，指指屁股下的檯座，說以前是放青菜的，「對面賣海產，那裡是雜貨店，再過去賣豬肉羊肉。」我想店家都開門的當時，一定非常可親，在小屋內做生意，麵攤開窗就能向對門雜貨舖吩咐一罐醬油，交易場都像是另一個家。

阿姨說再往北邊走一點，有另外一個市場，「更老，更沒人，更要倒了。」

被說成「老而沒人又快倒」的，是通霄鎮公有市場，入口兩側還各有一個豬肉攤，也大概只有這樣靠路邊的位置還做得起生意，畢竟人是不會進這市場了，於是，當我試圖沿著因漏水而濕成一片的走道更進後方時，肉攤老闆們都一臉「我看到的，是人嗎？」和媽祖廟前的市場建築型態又不同，這裡挑高且店面相連，與對門店鋪隔著一條走廊，頗有清代街廓感。靜得不像有人，但依稀可聽見縫紉機快速的戈登戈登聲。外頭舉目皆是的春聯，在這兒只化妝品店、布莊和百貨行三家店頭有，在稀微的光下成了警戒的紅——這裡還有人，注意注意。各家主打的營業項目，只存在褪色招牌上，如今都只提供修改衣服一項了。

久未見新面孔，正修補羽絨背心的阿嬤特別停下縫紉機：「找誰呀？找後面百貨行的嗎？他去打疫苗囉。」語畢笑起來，說怎麼會選開店的時候去打疫苗咧？又自個兒回答，啊因為都沒客人嘛。阿嬤的改衣小舖，是同排店面中唯二開著的，她望向四周，說好多同期開業的人都過世了，倒是走廊上那撐著屋簷的木柱，雖蛀蝕消瘦、填不滿水泥基座上的孔洞，卻沒一根垮掉，「人無遐勇，厝較勇*。」阿嬤大笑，她覺得好誇張，這柱子怎麼還沒倒！對於在市場裡工作的人，阿嬤歸為兩類，一是「死了」，二是像她一樣，「猶未死，加減做**。」

註*人沒那麼健壯，房子還比較耐。
註**還沒死，多少做一點。

通霄人只在得找特定老舖時，才會進入這舊市場和媽祖廟口市場，賣生鮮的小販，多去到了兩條街外的自強路攤販集中場。「新的市場是萬里長城。」改衣服阿嬤拍案論定，來店內閒聊的太太連聲附和：「對對對，ㄏㄨㄣˇ長，買東西一定要坐機車。」已啟用十年有餘，當地人還是習慣稱之「新市場」，相對於兩個舊市場，它是永遠的新。沿通霄溪河堤蓋起鐵皮小隔間，遊客路過此地，帶著賞玩的心情漫步在自強路上，說它是優良的「一條龍」設計，但得日日趕集的當地人，都無奈它是「萬里長城」，統一格式的輸出招牌，即使印上不同文字，店頭相似度依然太高，放眼望去，彷彿揉了眼睛出現交疊殘影，常以為自己看見盡頭，走了幾步才發現，那不是盡頭，是我看不到盡頭，想起廟口市場的魷魚羹阿姨說：「通霄人很難買東西啦，要跑好幾個地方。」可不是嘛，有三處得跑，其中這條更是有得你跑呢。

通霄店家們的春聯，橫批既是店名，上下聯首字也必然與其相呼應，媽祖廟前鞋店就打著「今開景運財茂盛」、「日策新猷業隆昌」兩聯，橫批是閉著眼睛也料到的「今日皮鞋店」，老闆見我盯著門聯，滿腹悲哀欲訴出，說昨天四處去問誰還寫春聯，一個都找不到，「不是死了，就是不寫囉。」「明天到苑裡去找找，不然要買現成的了。」以家戶門前皆貼有手寫好字的生態來看，買現成春聯，對通霄人大概會是一種委屈，老闆說起早些年地方上各路好手齊下筆的盛況，簡直是個話天寶遺事的白頭宮女。

鞋店就正對著魷魚羹攤，阿姨又換了一個水泥檯坐著，揉揉太陽穴，說自己從嘉義嫁來通霄五十年，最不習慣的，是那海風一搧起來，頭會痛，「今天是沒刮ㄏㄨㄥ，不然平常ㄏㄨㄥ很大。」魷魚羹賣了三十四年，不再以謀生為考量，而是一想到待在家無聊，就驚得趕緊跳下床出門開店。廟口市場，過了地方上的早餐時間，才八點半鐘就不剩幾攤，其中麵店掛了個牌子寫「累了就休」，依此邏輯，所有攤位似乎都可以掛個「加減做」。

鎮上的門聯過了一年依舊紅豔豔，不過再怎麼紅也是去年的，得換了，農曆年後的通霄，是否家家戶戶仍有筆劃傲嬌的春聯呢？

10

彰化北斗市場

【寶斗曼波】

奠安宮口正對三小路，中有宮前街，右稱元市街，左為新市街，橫亙三街的民權路上，小攤子在白線後沿矮牆擺賣，扯著喉嚨的跑江湖販大約是嫌這兒客群不足，只有住附近的老人家，日復一日在同樣位置販售自產作物小食，靜謐可愛，路面上漆的「慢」字，正好為這條路下了註解。

這些已然成為街景的小販，多是在二〇〇三年市場大火後移出來外頭的，從此沒回去過，並原地吸納了更多同伴，在公有市場旁另成一個民有露天市集。北斗公有市場就在新市街上，一九三五年主體完工的市場，是個典型的日治時期建築，大面積開窗和雨遮、排氣窗設計，紅磚搭配灰色洗石子，帶點洋樓氣，火災後，木結構全毀，其餘多留存並翻修，

唯一修復不了的，是攤位使用率。

市場後頭的停車場地，加蓋了幾個相連小屋，那倒是間間做著生意。最邊間前頭有推車停著，平檯上就兩個內嵌深鍋，一邊煮杏仁茶，一邊滾米漿，也不是整鍋煮好等著舀，每賣掉幾碗，阿姨就要打開塑膠袋裝的極度濃縮米漿和杏仁漿，珍惜地舀幾杓，混著熱水入鍋攪拌煮滾。盛給客人時不用杓子，偏要以握把只夠兩指環扣的燙手小鋼杯，深入鍋裡舀，一碗約莫是兩杯的量。鋼杯平時就擱在白底藍紋瓷碗內，鋼碰瓷，一日要磕個上百次，也幸虧那碗底夠厚。「以前喝杏仁茶用茶杯裝，杯子也是瓷的。」那個時候，人人一早在攤前，用附把手的小瓷杯飲米漿杏仁茶，那難道不是，他們的 daily espresso？

一個太太跑過來，安全帽都沒摘就探向鍋底，說幸好幸好沒來晚，「以前我老爸每天帶我到廟口，就喝這個。」喝到現在七十一歲，每次買到，依然感動。阿姨瞅了她一眼：「妳現在才七十一，那要叫我阿姐。」七十一歲叫七十四歲姐姐？有種要在甫出世和出生三天的嬰兒間分辨孰大孰小的刻意，我是覺得，不用計較這麼多啦。

•••

阿姨的爺爺，最早在北斗街上起了這個生意，挑擔子賣糕仔*和油條，白鐵桶上安了個水龍頭，轉出來，就是白醇醇的杏仁茶。接著，阿姨的媽媽接下擔子，在有兩百年之久的保安館旁，定了下來。小巧的保安館主祀王爺，位在市場其中一個入口處，阿姨當時才七歲，幫著媽媽在每杯杏仁茶和米漿裡打進一顆生蛋，油條浸在裡頭拌一拌。這門濃熱油香的生意，和當時市場中的其他小本事業一樣興旺，一旁空地還天天有漁獲拍賣，市場外圍靠街上的木造房屋，個個開起店舖。一九八〇年，北側、西側的木矮房拆了改建，紅磚市場門面給那個年代的水泥搭磁磚美學覆住，原來的雕花洗石子柱頭，要到另一側才看得見。又過幾年，一公里外的批發性質「大菜市」出現了，此處人潮大減，公有市場成了相對的「小市仔」，火災以後，買氣更加潰散，人氣再沒有盛過，阿姨哼了一聲，馬後砲地下了結論：「八卦方位被燒到剩六個，地理壞掉，生意就不會好了。」

註* ko-á，米穀類烘乾磨粉加糖，壓模蒸熟製成的點心。

杏仁茶攤在這些年內換了幾個位置，都在紅磚市場邊兜兜轉，現在不賣糕仔、不賣油條，蒸籠疊了三層賣肉包饅頭，有人點，就擺在塑膠小紅盤上送過去。杏仁茶事業，經過百年傳到第三代，價格漲了五十倍，來到是——五塊錢一碗。

•••

鄰著鎮上老廟和市場，橫向斗苑路與直向三條小街，即使路並不寬，日治時期起建的兩層、三層樓街屋依然林立，圓弧磚窗、石柱拱廊與紋飾繁複的山牆夾於透天厝間，早年容納各地旅客和小販、戲班團的大旅社，依舊挺立街邊，不再作為旅人的暫時落腳處，而仍有人在裡頭長久生活著。相機鏡頭焦距拉近，可以看見小別墅一樣的歇業婦產科後方，採光甚好，於此休養，既近市街，又隱蔽得只對日光開放。透過嵌了紅藍雙色玻璃的木窗向內瞧，「電髮廳」第三代理髮師還在裡頭，當時整條街最時髦的立體割花招牌上，手繪的那是否為淩波與樂蒂？或許這年頭知道的人少了。在這之中，也能偶然撞見北斗名店「洪瑞珍」與「肉圓生」發跡位址，奠安宮前的街區，保留了各樣實體資產，而當中的人與氣，已經往奠安宮後的中華路、或者更遠的地方去了。

繞回保安館前，賣蘿蔔糕的攤車還停在那，老闆揹著手等最後兩斤完售，坐在一旁嗑蘿蔔糕大聲說話的，居然是杏仁茶阿姨，「好吃耶，這攤跟我同梯的，也賣到第三代了。」——看起來比老闆本人還自在，我說阿姨，妳聊個天要從市場另一頭過來，也太遠了一點。時間回推至少一甲子，杏仁茶第二代在保安館前煮杏仁茶的時候，蘿蔔糕第二代也在另一頭煎蘿蔔糕，一東一西，市場改建後，兩方遷離原處，他們的下一代，在離彼此更遠的地方重起爐灶，但幾乎每一天，杏仁茶阿姨都會在八、九點後，把攤子扔給兒子，到蘿蔔糕攤車旁坐坐，像是沒有分開過。

杏仁茶阿姨的大半人生，是在以奠安宮為中心的百餘公尺內活的，哪棟街屋什麼旅社，都能細數，那婦產科她也進去過一次——陪認定自己得了子宮癌的朋友看醫生，「賊狗是子宮花炎而已，哈哈！」講到口渴，從人家攤車下方拿出水壺來喝，順手順腳，我說阿姨，何處不是妳家？「那北斗以前——」「什麼北斗（Pak-táu）？是寶斗（Pó-táu）OK？妳沒聽過豬哥亮唱『白河舊時是店仔口，北斗土名是寶斗』？」我話都沒問完，就先聽她唱起〈嘉慶君遊台灣〉，老一輩的北斗人都說，只有外地來的，才會說 Pak-táu。

阿姨心目中的寶斗，是個寶穴，是濁水溪北岸重鎮，「一府二鹿三艋岬四寶斗，沒

聽過呀？」並且稱此地在日治時期教育就普及，「北斗有三員，警員、教員、肉圓。」以及說當年的北斗牛墟，名列全台三大牛墟之一，北雲林、南彰化的小販都牽牛挑鴨來趕集。阿姨連番舉證北斗曾經的光榮，我都不好意思說，來這之前，我以為北斗和斗南、斗六，同屬雲林。這頭聊完，她快步走向保安館另一頭的店舖，也不買什麼，只為丟下一聲「Hello」才肯回攤子上去。當年幫媽媽做東做西的七歲孩子，也來到了有下一代在攤上收拾善後的年紀，比起洗鍋瓢，每天巡一圈老友，可能更要緊。

奠安宮前，賣高麗菜飯的小吃店特別多，同樣稱作「高麗菜飯」，和我慣常吃的乾式割稻仔飯一點也不同，煮得幾乎像是白菜滷的透

軟高麗菜，和湯汁澆在飯上，覆上一塊滷豬皮，飯湯似的，那吃起來的狀聲詞，還真是「唏哩呼嚕」。

飽腹起身，「老闆娘多少錢？」

「老闆娘很貴！」

11

雲林崙背市場

我們的後少女時代

濁水溪中末段以南，鄰著雲林二崙及崙背鄉，朋友家住二崙，每天開車到市區上班前，總會順道把媽媽載到崙背市場，放她去飛。

崙背市場一帶，是媽媽阿芬的現在，也是她的少女時代，三十年後，輪到我與她的女兒，以後少女之姿，重訪當年少女小芬的行腳路線。

首站，是崙背市場旁的「昇平戲院」，售票口前成了不知誰的回收物堆放場，裡頭兩百多張椅子結構依然完好，原來面對的投影幕牆已崩塌，日光透進，一場滿座的3D末日片正播映。阿芬回憶：「當年我青春玉女，坐在又呆又青澀男朋友的『名流一百』機車上，到戲院看許不了和甄秀珍演的《小丑與天

鵝》。」沒過多久，「這個世界上就多了三個『浮浪貢*』。」也就是吾友及其兄妹。

看完電影，這對小丑與天鵝會到戲院對面的「明芳冰菓室」吃涼，那時還有吧檯給人內用剉冰並提供現削甘蔗，如今只售冰棒，冰友們都曉得要直接繞到後頭工廠買上一支。小工廠佈滿阿摩尼亞製冰機冷卻管線，熱天一到，管線便結上一層霜，製冰七十年，水桶鍋盆滿滿是，如何找到水管清洗那木製冰棒盒，哪一桶打開才是待攪拌的蜜紅豆，只有在之中優雅穿梭宛如溜冰的厝內人懂。

牆上白板密密匝匝貼著販售品項，除了陽春的石蓮花、美濃（melon）、四菓水冰，近年還研發了「草莓米奇」、「燈籠果」、「蝶

註* phû-lōng-kòng，遊手好閒、不務正業的人。

豆花四色」等口味。點了一支「草莓青蛙」，草莓果實和牛奶打成的粉色冰棒底，嵌著奇異果切片作青蛙臉，兩顆剖半藍莓作眼睛，同理，「青蛙很芒」便是青蛙臉鑲在純芒果肉冰棒上。「以前只有鳳梨、紅豆、米糕三個口味，還有冬瓜茶棒棒冰，現在很多都公司貨了。」公司貨指的是品項在白板上佔了一半位置的百吉、杜老爺、台塑等大廠冰品，這幾年，冰店甚至賣起冷凍水餃，任何的「冷冷硬硬」，在此販售都不違和。

與友各捏一支冰，躲回車上吹涼，沒有當年爸媽約會曖昧加乘，吃冰即是爽。

靠近冰菓室的巷內，有個「小歇泡沫紅茶亭」，招牌早已褪白，但崙背人都知道，「小歇」在這裡。除茶飲料和蛋蜜汁，「小歇」也供應滷豆乾、煎火腿、茶葉蛋與吐司蛋餅，清晨六點到午後，都適合路過小歇。有如地方早場酒吧的空間，掛了樟木匾額，擺上金元寶與賀年盆栽，角落鎮著大尊彌勒佛，還飼一缸鸚鵡魚，原來是到大舅家拜年，我還以為來吃早餐的呢。雪克杯放上搖杯機甩它個幾下，倒進塑膠杯，封上膠膜，用吸管「噗」地插破，吸上一口生活——泡沫紅茶。藤編高腳椅上的客人，年紀跨三代，都說要外帶，蛋餅卻放一邊，續坐在吧檯前閒扯淡。吧檯內外九人加一嬰，主顧全為女班底，她們靠著泡沫紅茶牽一起，無論如何都不能喝完，那是一杯留下來的理由。

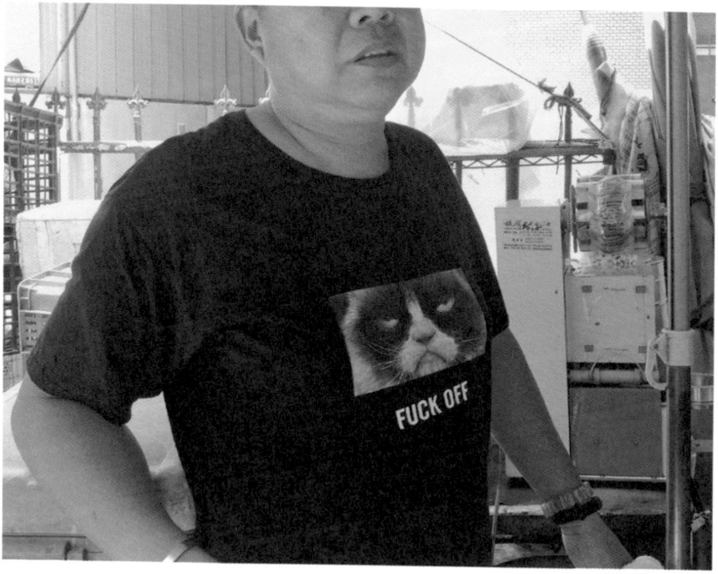

據冰菓室老闆說，日治時期的崙背市場，就在成功、中山街口那甫完工的住宅建地，那時候的市場，低矮而熱鬧。超過半世紀後，與之相距不過四百公尺的崙背公有市場大樓內，地面層僅存幾個肉攤營業，再早到，也寂然有過午將收市之感。二、三、四樓都靜得只有我的腳步回聲，只頂樓菜園生機勃發，大朵黃花在絲瓜藤架上開得奔放。自頂樓俯瞰，前後包夾市場大樓的民主路和永昌路上，街販群聚，插著菅芒掃把的小推車走走停停，像柏油路上的移動草堆。

賣紅豆餅的大哥眼含笑意，卻穿了一件兇惡貓咪 T-shirt，上頭寫著「FUCK OFF」。

我問大哥知道那是什麼意思嗎？

「就是『貓咪』的意思吧！」

與阿芬的女兒買了紅豆餅，在騎樓下矮桌邊坐定，點了碗已在崙背起灶八十年的羊肉湯，再叫鄰攤炸份青蒜、蚵仔嗲，一個座位，三種享受。隔壁水果攤夫妻檔，邊理貨邊慨嘆朋友得癌症的消息，說著說著，結論居然是——「原來閒閒的人也會得癌症。」正值暑假，市場裡長大的孩子，老練地叫上一碗羊肉綜合湯，端回媽媽開的修眉店前配電動，或把藤椅搬到電扇前，在風中小酌養樂多。有人把自己塞在甜椒紙箱裡，嫌這個世界太大，豐腴小妹倚著裝魚的保麗龍箱，對鏡頭搔首弄姿，卻不慎壓破箱子，聽見阿嬤對我說：「妳在拍肥豬喔！」害臊地笑了，沒門牙。

戲院到市場，從少女小芬走向人母阿芬，不過一百公尺的路，我們在之中尋得的樂趣一點沒少，小小一塊地方，給時代的風吹過，還能順順髮絲，在後少女們的自拍照裡比個勝利手勢，從來不違和。

阿芬看著我們的照片大笑，她依然是個少女——有份量了點，厚少女。

隔年再訪崙背，冰菓室鐵門拉下，對面昇平戲院前，回收物堆得更高了，有阿伯在那忙拆解廢鐵上的零件，我問他，冰菓室今天不開嗎？「他們冬天休息。」阿伯對於這一帶了解得是頗為透徹，指出對面四連棟民宅，說是早期除「昇平」以外的另一間戲院，語畢，朝冰菓室的方向努努嘴：「冬天沒開，也可以去跟他們買冰啊。」「沒人怎麼買？」「那是我家啦。」奇怪，老闆除了冰棒也賣關子？

民國四十二年，昇平戲院在一片花生田上起建，冰菓室與之相依相生，連著附近的撞球間和茶室，穩坐崙背娛樂區位首席，「那時候我這裡最熱鬧，電影下午兩場、晚上兩場，放到半夜十二點，冰店也開到十二點，關店繼續做冰到天亮。」當時製冰機冷度不足，到了清晨都在等冰結凍，老闆夫婦只能抓日出後瞇睡一會，而後拜冷凍技術進步之賜，「做一做還可以去睡覺。」

戲院左方破敗的矮篷，「寄放腳踏車的。」右方塌陷的紅磚小屋，「賣菸和小吃的。」問到當年戲票多少錢？「我看電影免錢哪，都認識的。」他甚至會爬上門口雨遮，隔著窗和二樓放映師聊天。說到這，老闆忽然想起早期有個男影星來拍片，劇組向冰菓室借電，「還沒跟我算錢耶！」一位大哥踩著腳踏車晃過來，和老闆打了個招呼，神色自若就要加入我們的話題，我問他吃過「明芳」的冰棒嗎？「有啊，我從小吃到大。」「忠實客戶啊。」「我就他兒子啊。」奇怪了，賣關子也要傳兩代？

站在戲院前，老闆說我們腳下本來有條大水溝，「以前水很大，要是有小孩掉進去，都要趕快跑到路底去撈小孩。」戲院建成後，才將水溝上蓋，「當時掃戲院的人，會把垃圾倒進水溝，我每天早上都會去看有沒有銅板可以撿，還真的有，多到可以花耶！」「水溝裡的土挖起來，也會找到很多錢！」說起這條發財溝，他眼睛都笑瞇了，在那個公共設施尚未完備的年代，漏洞特多，也因此讓人有機會在這些縫隙中探得份外的快樂，和硬幣一樣，銀閃閃的。

立面以白綠洗石子裝飾的戲院，停業後「每天晚上都有人來」，由側門闖入，取走尚有價值的物品。透過玻璃破了大半的木窗框，還能看見二樓放映室牆上，幾張因過於殘破而未被撕去的電影海報，老闆見我為了瞧得更清楚、在馬路上蹦呀跳，默不作聲搬開戲院正門口雜物，推開通往放映室樓梯的門——泰半其頹，梁木其壞，老闆負手倚門，以望君保重之眼神示意：「去吧。」

在崩裂的木梯前彎下身，模擬蜘蛛半扶著牆爬上二樓，看見當年的放映室，被貼成一個電影迷的房間，一張覆上一張，皆是一九八三至一九八八年間台港兩地電影海報，主題從喜劇到武俠，青春情懷到社會議題，當然還有佔了一半以上牆面的情愛系列。這些愛慾橫流的海報，副標是特別直白：「請看三〇年代妓女如何選擇嫖客」、「能不能同時愛上兩人，青年男女，您來做個選擇」，大標文案更是採滿到漫出來疊加式行銷：「歐洲浪漫小曲奇情美豔青春異色電影」、「奇情浪漫狂潮戀愛慾電影」，加以「夜半調情！悄悄聲！推舟行船！床腳聲！」看著當年主打「新潮浪漫」的文案，想三十年後的我們，新潮了嗎？

放映師在暗室剪接奇想，膠片畫面自小格間投向大銀幕，伴著崙背《好小子》走過《流浪少年路》，讓《小生羞羞》也有勇氣組成《泡妞敢死隊》，被細膩對待的膠卷如今在地上散開，捲翹泛白，靜止的波浪，越過這片海，啪嘰喀啦，像踩過一堆多力多滋。

天天星期七
青年男女

12

南投魚池市場

魚池知曉的夏日清晨

一個夏天，幾乎日日自埔里上日月潭，趕在六點前抵達朝霧碼頭，浸入水裡游它個幾圈。即使在七月，魚池的白天，風都是冷的，未破曉時騎車上長寮尾，經東光鄉到魚池，左邊山壁貼、右邊小溪流，山水間蜿蜒向上，薄霧繚繞，感覺唯美前，就先愁膝蓋要患風濕。

同一時間，幾個老人也騎上這條路，一路依著地形起伏換檔，後座加裝的塑膠籃塞滿才收割的菜，準備送到魚池市場銷了。這段風濕路，美歸美，卻地滑多拐無人煙，使人心情緊張，直到魚池街，到了這段店家招牌統一設計為帆船型的路上，就知已過半途，坡度和心始得緩下來。魚池街，便是魚池鄉的聚落核心，老書局、消防局、郵局、教會、戶政事務所相鄰，成棟的公有市場，也藏在街後邊。

自日月潭一帶下來市場賣的，多是在近山區採收的筍子，七月麻竹筍、綠竹筍多，走到哪都聽得見「現掘的筍仔！」台語發音的「掘（kút，挖）」，聽起來是很賣力。台灣一年到頭都產筍，夏季尤多，南投各地農人早上都要採，又得趕在口感變差前賣了或醃了，一時間，筍者三友漫街上，筍乾、鮮筍、醃醬筍。

腿一樣粗的麻竹筍，大哥用推車載來就放倒在地，轉身悉心將綠竹筍擺上檯面——這夥牛角型的小傢伙，脊椎側彎似的靠頭相依偎，以嬌嫩排擠世界。春天有桂竹筍宜做筍乾，有箭筍如手指一般細——「我的手指。」大哥補充。十月過後，就準備採冬筍了，冬筍又叫「孟宗筍」，因為當年對著竹林哭，要筍子趕快長出來以煮湯給媽媽喝的孝子，就叫

「孟宗」。年底，冬筍嫩芽自地下莖長出，尚未冒出土面，得挖開土才能採，隔年二月左右，正逢春雨，筍自然出土，便成春筍。我看當年的孟宗，要嘛是哭太久了，從冬天哭到春天，恰好春筍冒出來，要嘛是哭得太厲害，讓土底下的冬筍以為下雨了，趕緊冒出頭。

如同台灣多數市場生態，魚池市場的搖滾區並不在那棟公有市場建築內，攤販巴不得湧到街上來，在不怎麼能遮蔭的鐵皮屋簷下開張，而街角一棟兩層樓紅磚破屋，是最多人挨著做生意。磚屋牆面早被挖成大窟窿，整棟屋子像被吃得只剩邊的吐司，屋內樓梯、浴室格局清晰可見，磁磚破敗而爬藤勃勃攀附，據聞是屋子建好了才發現產權有紛爭，要拆要蓋都不是，便這麼年年健在，成了街販大本營。固定佔前頭的小販悠悠表示，那屋子破十幾年啦，牆上岔出的鐵釘，還可以拿來掛橡皮筋跟塑膠袋哦。近來多有人衝著破屋廢墟感，午後成群駐足，專拍不看鏡頭瀟灑照，而我私以為，清早這夥老是聊天到忘我、不聞客人問價的阿桑，才是正統的瀟灑。

在日月潭中游水，沒有距離計數，來回近千公尺而不覺，精力耗得比在游泳池內快得多，不消半小時就餓得眼花，離水跨上機車，泳衣也不必換，給中潭公路上的風吹

乾了得，一刻鐘即抵達早餐集中地魚池街，街上小販見了著泳衣逛市場的人，也不以為奇，還要指教一句：「太晚游了！」即使現在才七點。市場早餐千百款，不過那家的飯糰大如棒球，永遠是最熱門選項，朋友說，該飯糰能當作日月潭一帶山岳攀爬難度的衡量標準，小百岳貓囒山，吃一顆飯糰就夠，至於標高二〇五九公尺的水社大山，「可能要帶四顆——再加兩個貝果。」

作為上山途中人煙阜盛的所在，作為下潭人滿血回歸的倚靠，魚池市場一帶，畢竟是個讓人心安的地方。

13

雲林土庫中山路街販

【土庫市場三缺一】

中山路上，羊肉攤前大哥見我舉起相機，立刻代老闆推銷起來：「這個羊肉又門門，跟妳一樣，又門門。」

噢，謝謝，他說我「幼綿綿」。

筆直的中山路，過去是一條街屋櫛比的蜿蜒紅磚道，人稱「塗褲街」，早年土庫居南來北往要道，每逢農曆三四月，南下至北港進香的信眾，更是必停土庫，又作為花生油最大產地，一度台灣花生的開盤價，皆以土庫為準，喊水會結凍。日後國道拓建，人車往北港不再必要經土庫，商業活動是以沉寂了些，不過地政事務所的代書先生說，更早之前，大日本製糖株式會社選擇在五間厝（今虎尾）設糖廠時，就已經埋下土庫不作為雲林地區政經中心的遠因。

代書先生的媽媽拄著拐杖進門，聽我們談及虎尾，想起自己念虎尾高等女學校的那段日子，天天要從土庫走到虎尾，沿路躲水溝避空襲，到了學校——繼續躲空襲，躲完就差不多放學了，「去上學都在躲防空洞！」那時除了讀書，也要寫日文信激勵前線士兵、定期到飛機跑道割草，「五十個學生，一人一隻刀子，一人一隻鋤頭，寫著自己的號碼。」雖然全是為了所謂國家，但老太太特別記得手上握有專屬工具的那份踏實感，說了好多次。放學後，她有時也搭小火車回家，「藍色的小火車，進站時會嘟嘟嘟、鏘鏘鏘，好好聽，像音樂。」像一支曲子的小火車，源於日治時期由製糖株式會社經營的糖業鐵路，運送原料、輸出產品，兼開啟多路線客運服務，而家裡種甘蔗的，坐火車免錢。老太太搭乘的北港線，便是由五間厝行駛至北港，她在土庫驛下車。

代書處是個有著木拉門及窗櫺的中日式合璧老屋，歷經三代，代書先生坐在裡頭，灰髮梳得體面，桌上書面資料疊得老高，依然張張切齊，抽屜拉開，印章擺放位置還依著第一代的作法，我想像他的爸爸、爺爺坐在這張桌前的樣子，與他的差別大概只是，沒有手機可滑。

由代書處走向晨間小販密佈的中山路，沿途幾乎沒人做生意，獨獨有個豬肉攤，開在民宅一樓，攤子上方橫著鐵桿綁滿塑膠繩，繩吊著紙牌，紙牌穿過S型鉤，牽不起來的，就以層層膠帶密密黏。那是鐵鉤做針、塑膠繩做線縫成的華美大業，像淋了太多層糖霜的肉桂捲、像年復一年掛上裝飾的聖誕樹，只要剪掉最關鍵的結，一切就要崩落。紙牌上的字，以紅藍兩色筆或對稱或交錯地寫，看起來就成了「大一條五十元內有可拜拜三厶卷純正手工」、「蒜香可用五倍劵臘肉財記軟式超讚保鮮老店」，東湊一字西插一詞，雖然不發一語，但豬肉攤它自己，就吵得像是一整個菜市場。

「招牌寫得真好看，老闆是學美術的嗎？」

「我那卡西大學畢業的。」——命帶幹話之人，終究藏不過兩句。

老闆認為，豬肉得冷藏保鮮，所以攤位上根本不該放肉，才需要透過小牌子標示商品，「很多人覺得又亂又醜，我是覺得亂到——都美起來了！」紙牌也不完全是給人家看的，「水關好」、「時時注意各冰箱門」，還有提醒自己回家前要全部巡一遍的「回前總巡」，哪個不是粗筆粗畫地寫，給自己看，也要非常高調。

「那卡西大學」畢業的老闆有個樂團，酒家戲院蓬勃的時候，樂團四處彈琴唱歌，足跡遍南北，「我去艋舺發現，那邊的人都猛真的，不是猛假的。」這行賺的稱不上多，但手上樂器動輒上萬，「所以人家都說，我的團名應該叫做『大本乞丐』，本錢很多的乞丐。」一琴在手，case 無窮，「西索米（Sí-soo-mih，喪事樂隊）也會找我。」老闆說自己什麼都只會一點點，其實是扮豬吃老虎，實力堅強。「以前彈風琴，現在談封琴囉。」娛樂產業轉型後，走跳樂手這行也難做了，回到土庫和媽媽一起賣豬肉，「在土庫做生意，中山、中正這兩條是天堂路，其他都是地獄路。」

日治時期的土庫第一市場，就位在如今平行的中山和中正路間，並正對中正路上的老廟順天宮，成了代代土庫人的生活基地。民國九十九年，鎮公所有意將廟前老市場拆除，改為方便香客泊車的停車場，便在遠離老街處蓋了第三市場，欲將第一市場老店鋪、中山路上那才建了十餘年的第二市場內攤販，都引到第三市場。不過攤商寧可到路邊擺，也不願離開天堂路，土庫小鎮，因此有了三個市場，而攤販最多的地方，卻不在任何一處。

峰迴路轉，不久以後，第一市場被公告為歷史建物，並整修開放店家進駐，然而實際營業的，並不太多。豬肉攤對面閒置的第二市場，鐵門依然緊閉，遠方的第三市場，則持續祭出攤位低租金優惠。曾經緊密共生的廟宇、市場和老街，在政策鋪排下，剝離開來，只有不肯離開中山路的流動攤販，還乘著「塗褲街」的生活底氣，日日開張，使老街一帶依舊看似凝聚。

「土庫到了晚上七八點，就像被子彈掃過。」夜夜唱歌的老闆，回到家鄉站在豬肉攤前，顯得有些不甘於平凡，他自稱「皇上」，指著紙牌上那顆微笑豬頭下方的英文字，問我知道寫的是什麼嗎?「Cool?」「不是Cool，是C001。」——為叛逆而叛逆。從酒池回到肉林，依然盼望變動和刺激，即使在紙牌上做做文章也好，他要把這個攤子，佈置得像是一個人的歡樂大樂隊。

「妳這個人呀，是老靈魂和年輕靈魂的結合。」

心下一喜，「皇上」真有識人之能呀。

「怎麼說？」

「妳的名字是『蘇』東坡和『凌』波的結合嘛，一個老一個年輕。」

OK好，但蘇東坡跟凌波的年代，是可以同日而語的嗎？

•••

中正路上老牌小吃多，完食米糕魷魚羹，欲借個廁所，店員卻指向隔壁鐘錶行，略感不安地深入店舖後頭，想著這難道是一種，異業合作？鐘錶行裡頭老夫婦倆，倒是頗為習慣這些膀胱飽漲的陌生人進出，兀自秤重分裝各色粉末——魷魚羹調味料——老夫婦，是隔壁三代米糕店的第二代掌門人。一年到頭都穿吊帶褲的先生，年輕時跟著爸爸做米糕，看附近鐘錶店為人洗錶，一次能賺十五塊，「當時米一斗就十五塊咧。」便跟著開了一間，米糕鐘錶生意兩頭做，直到孩子也接下米糕店，兩老退位組成備料後援會，

繼續分裝砂糖和扁魚粉。

牆上愛知時計發條鐘，正巧走到半刻，卻沒有報時，鐘面上標著「40 DAY」，表示四十天得上緊一次發條。老闆身後二十個鐘，看來全被放飛，指針指向各異，在這鐘錶行內要看時間，只有靠旁邊的民視新聞台。

中山路底近圓環處，老闆母子倆正清洗用來裹雙糕潤的月桃葉，做生意雖說是代代相傳，其實是代代相扶。今天星期四，週一至五平日生意正常發揮——沒什麼生意，老闆有閒，說起土庫，又是愛又是遺憾，三個市場的尷尬只是一例，政黨朝令在輪替後夕改，土庫走向由人利益把持，地方底蘊流成一條河，卻

老在扞格襲奪下改向，雖不至於斷頭，卻支支絀絀，有了到頭來得靠自己的體悟。原本語帶無奈，老闆話題一轉，說起有個客人，懷孕期間為了聞月桃葉香氣，總要特地來買雙糕潤，一塊十五元的小點心，成了人家孕期的依歸，這件事，他是可以眼睛發亮地記過好多年的。

我感覺土庫，像雙糕潤中間的那層黑糖，有種外來躁亂撼動不了的穩當。

14

彰化二水市場

日日新？

二水車站前，在「日日新商店」吃剉冰、喝現打木瓜牛奶的旅客如織，有要轉集集線進車埕的，有剛從南投出來，準備換乘縱貫線的，小商店在台灣第一間 7-Eleven 開幕前三十年，就已經二十四小時營業，日日新，又日新，遊客和車站搬運工一批來過一批，盛剉冰的淺碗和湯匙來不及收，擱在那二十年、三十年，蓋上一層厚灰，路過二水車站的人無幾，剉冰機鏽得轉不動，也不見收拾。

「日日新」近年主要業務，是供給在地阿伯提神菸酒與飲料，門口的冰櫃，民國六十四年由味全公司贊助，裡頭結霜的冷媒管，還特意彎成味全商標的五個圓圈狀，像是冰櫃裡的一場冬季奧運。店舖就開在「亞洲大飯店」樓下，飯店在五〇年代還叫做「亞洲旅社」，兩

層樓已是車站前最高，之後成了四層樓的鋼筋混凝土建築，整棟以各色小磁磚包起，寺廟屋頂一樣華麗的雨庇，迷你裙似的圍起頂樓，「亞」字標誌高懸街角，門口那兩頭金獅，胸口挺得老高。我撥了招牌上的訂房電話，「對不起，這是空號，請查明後再撥。」

•••

車站前的光文路到員集路三段一帶，被稱作二水老街，早期二水大戶人家於此起造連棟街屋，洗石子圓柱嵌進清水紅磚牆，拱形窗上有花草紋飾女兒牆，素樸點的亦有，比如立面刻著店號「合興珍」的兩層樓街屋。店號筆劃一勾一撇，模擬毛筆書寫時，於收筆處分岔的樣子，像狐狸尾巴，硬邦邦版。半開的鋁門內，阿姨盯著電視正夾報紙。過去的「合興

珍」，是二水街上唯一的麵包店，那時的老師傅對小孩可好了，八七水災時，街上水淹得滅頂，他讓附近的孩子全待在店舖二樓避難，且人人有麵包吃。而後麵包店遷離，民國八十八年，這棟老房子被買了下來，當年躲在樓上吃麵包的女孩，現在正盯著電視夾報紙，麵包店成了她的家。

續直走，進入街販密集的市場區域，阿嬤在路邊找了個縫隙停妥腳踏車，賣起後座綁著的一捆在欉乾香蕉葉。蒸鼠麴粿時，乾蕉葉不用來墊在下方，要一摺一摺地，把粿裹得像禮包。阿嬤說她明天就要炊粿，問我愛吃什麼餡？——路邊認孫女了這是——不過阿嬤，整個市場裡，我大概是唯一明天不會再來的人。

粉橘色的二水鄉綜合市場大樓，建成已有二十年，看起來新得像是甫完工，而這已經是二水市場 3.0。二十世紀初，市場是個木造建築，屋頂以黑瓦覆蓋，門口有紅磚與水泥砌成的巴洛克式拱門，兩側柱頭設計是不嫌高調，巴賽隆納凱旋門差可擬。歐洲風情漫到了戰後，而木構造已經不支，民國五十七年，市場重建，部分店鋪改為正對街路，或許這樣的設計，要比有個華麗拱門口來得重要太多。又過三十年，市場再次變得老舊，大家生意順勢做到街上來，地方主事者希望員集路上的小販回頭是岸，於是二十一世紀初，粉橘色的市場大樓誕生了。

誕生歸誕生，買賣方早習慣在街上交易，一樓攤販進駐率不怎麼高，雖說如此，裡頭一點也不空，因為攤位面積各個大得嚇人，平均也有五、六坪，賣餛飩湯的店裡，擺的不是省空間折疊鋁桌，而是四組家用原木餐桌及靠背椅，喝個湯，家族聚餐似的。市場另一頭，整側全屬於名為「鄉親」的蔬果攤，橫梁牆壁與窗戶，貼滿彩度過高的水果月曆紙，柱子還要提一句「親愛的顧客早安」，視覺與心理上，都顯得過分親暱。前一刻還在「鄉親」與鄉親相親，下一步跨到市場後門，就無人煙，只有整棟壞得剩木梁的破屋，從剝落的牆面，能看見裡頭的竹編夾泥層，拌著不曉得幾十年前的稻殼，穿過屋子，才知它是三合院的其中一間房，隔壁還住著人的。破落與人氣並存的樣子，像是前頭的二水老街區，作為全鄉最興盛的地帶，也處處有頹敗。

一百零六年，市場大樓門面上，除了右側的「二水鄉綜合市場」，左側也安上「二水日間照顧中心」幾個字，從前眼見二水市場榮景的人，每日一早又來到市場樓上待著，前門街上除買菜人的機踏車，輪椅也悠遊其中，到頭來還是多虧了這些人，陰錯陽差讓市場大樓一帶又熱鬧起來。

「以前民國五十多年，二水熱鬧啊——」日日新商店老闆不可一世，他永遠記得二水作為集集沿線物產運輸至西部的第一個下貨處、作為旅客換車時必要出站休息一下的地方，我看向那堆沒有收拾的剉冰碗，想著究竟是老闆懶得處理，或者那其實已經被當成文物，展示一個全盛時期。忽然想起前天朋友聽見我要去二水時，回了一句：「噢，妳要去宜蘭？」——老闆肯定不覺得好笑。

15

雲林虎尾第一市場

我們虎尾老大哥

台灣所有市鎮中，那條被名為「中正路」的街道，大抵和當地最蓬勃的位置重疊，而虎尾的中正路，在被喚作「虎尾街仔」的早期，僅僅五百公尺內，就有三個菜市場，豈止蓬勃。

舊稱「西市」的第三市場已不見集市，只存連結一旁平行馬路的通道舊址，幾年前重新整頓欲再招商，「盼能帶動市區發展」，不過如今這條小道是依然故我，穩定不發展中。與西市位置相對的東邊路底，卻是個圓環。圓環一角曾是日治時期的馬場、是二二八事件期間的公開槍決地，接著迎來東市場的興起與沒落、迎來焚毀市場的無名火，如今成了個收費停車場，向著圓環中央那尊六公尺高的「鋼鐵素還真」。作為「布袋戲故鄉」地標，不鏽鋼製的素還真，以金剛不壞之身立在這座命途多

外的圓環中，中正路都成了他的背景，素還真飛揚的衣袖後方，總有肯德基爺爺的頭顱在那，笑看晴天下的霹靂布袋戲。

西市與不復存的東市之間，就是「中市仔」，昔日名為「虎尾中央市場」的第一市場。

早上六點起，第一市場絕對是中正路上的老大，街邊小販七七八八，全挨上來要靠著他做生意，賣護具的在攤前擺出八名全裸模特兒，身上只戴各式黑色護具，一場街頭BDSM正發生。賣蓮子的，布條寫上「憲採蓮子」，既非現採，那也只能說聲：「辛苦了，憲。」另有阿姨正以炭火烘著鴨蛋糕，攤上貼了七張小鴨圖，在在提醒你，這不是雞蛋糕。攤子兼賣的仙草愛玉凍已完售，不過那位大姐上門時，阿姨立刻轉身拿出三包仙草，壓低聲音說：「厚，妳來了喔，這三包我剛藏起來不要賣，怕妳買不到。」——可不是嘛，關係搞好，才有本錢中午來市場還買得到東西。

⋮

拐進市場邊的小巷中央街，那兒有成排西式街屋，阿嬤在女裝店前攤平大塑膠袋，壓上幾把空心菜就開始賣，她的生財道具，就是一台改裝車——改裝過的嬰兒車，椅墊拆了徒留骨架，加塊木板就能放秤子提包遮陽帽，扶手尚可掛幾袋蒜頭。民國二十五年建成的第一市場，從阿嬤還是個女孩的時候，就照看著她，看她早起駕牛車來，蒐集市場邊被丟棄的菜葉，運回家作肥料，「如果撿到鹹草、香蕉莖，還可以編成袋子！」看著她結婚，日日來採買食材回夫家開伙，看她帶著要入伍的兒子拜遍市場周圍八個廟，觀音、王爺、二媽、三姓公、濟公活佛……市場看著她，來到第七十個年頭，女孩成了阿嬤，也和小時候一樣，每日五點就循當年駕牛車的路線，推著嬰兒車來市場邊賣菜。

阿嬤從附近的小庄「埒內」過來，不用二十分鐘，「但是回程會跟人家聊天，就要半小時。」自此，阿嬤發揮她不只半小時的聊天能耐，「自己若會改褲頭，一件褲子穿十年，」她扯著褲頭表示，接著話題一轉：「小孩長大有三要素——白飯、青菜、肉骨湯。」另外怨嘆：「我的媳婦不吃菜，難怪小孩都不勇。」接著捏捏我光著的臂膀，「這體格不錯耶！」彷彿在挑豬。說到興頭上，阿嬤忽然停下來瞄了眼身後女裝店內的時鐘，接著大聲嚷嚷：「哎呀，顧趁錢到毋知時日（賺錢賺到忘記時間）！」迅速把剩

下的空心菜撈進嬰兒車內，凳子藏進盆栽間，塑膠袋塞入女裝店招牌下的裝飾孔洞裡，此地一為別，揮手自茲去，推著嬰兒車走了。早上九點鐘，下班就是下班。

阿嬤看第一市場的樣子，原初是個L型建築，後來，L字型三個端點的出入口立面，被加蓋的鐵皮棚架和屋子層層掩住，日治時期的建築工法，也因此完好地被封在裡頭。內部牆面和洋派的窗戶、雨庇設計，皆為純白，讓這座市場在某些角度看起來，像個奶油抹面蛋糕。牆上平均一公尺開一窗，百葉窗、上懸窗、雙向橫拉窗，採光且排氣，不過四周加蓋後，即使窗開著，外頭亦是一片黑，日光下也只能倚靠日光燈。市場內眾多閒置的磨石子攤檯，成了橘貓一家五口的沁涼午休大平台，一貓據

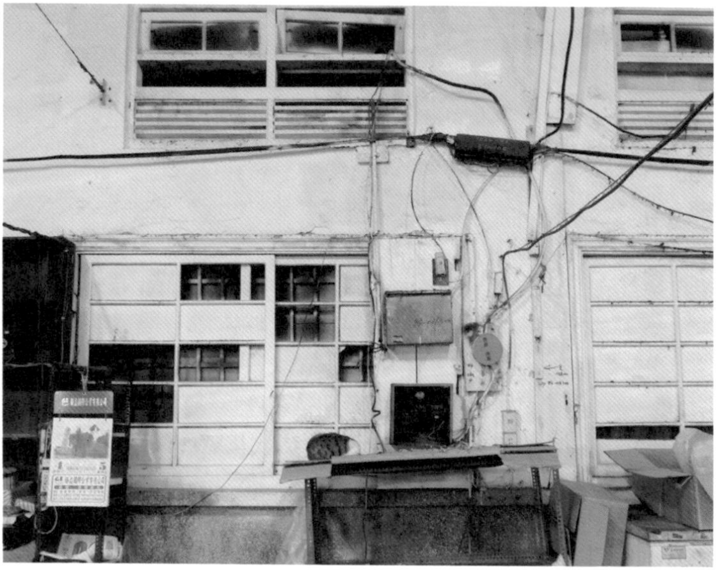

一檯，奢侈。

有一攤做魚漿生意，父女兩代接力賣過七十年，設計為三階的檯面，只一包魚漿擱著，且要不是有人訂，阿姨今天根本不會來。「以前的人都來第一、二、三市場這條街，現在都去德興路那裡了。」德興路正對虎尾天后宮，街販自廟口延伸至路底，既是早市也作黃昏市，路面筆直開闊，恰恰滿足現代人騎機車逛市場的想望。相對封閉的第一市場人潮漸減，門口頻遭人棄置垃圾，鎮公所遂以行書手寫公告：「此處禁丟垃圾，違者公布照片讓人唾罵」，約莫是被嫌太嚴厲，隔年就變成：「拜託！請把垃圾分類包好嘿，謝謝您讚哦感恩」。老大哥似的中央市場，看左手邊的東市場著火，看右手邊的西市場衰落，自個兒撐起周邊的繁盛，這些年是終於退下一步，只留幾個老攤子貼身伴著。

•••

據說，之前有人特來虎尾投宿一晚，為的只是去看市場後方那開了四十多年的書局。店頭「國光書局」招牌醒目，陳設乍看維持著一個書局的樣子，而櫥窗內的紙盒多空了，SKB筆筒、款式過時的筆記本，蒙上指頭得搓個三次才能抹去的塵。牆上書滿櫃，盡是民國七、八〇年代生活用書，精選作文範本、女性一生如何裝扮得體之教戰守則，名為《生男生女操之在您》的相關性事指導叢書，有三櫃之多，最頂部那套華視《每日一字》系列書，翻開一頁，李艷秋的聲音就若響起：「各位觀眾，您好。」種種種種，每本二十塊上下地賣。

我在國光書局，來到第二個小時，老闆都縮在櫃檯後盹著沒有醒來，像是睡了幾年，落塵是他的薄被。捧著二十份七〇年代台灣縣轄市地圖到櫃檯結帳，指腹都黑了，老闆也不說什麼，掏出水龍頭旋鈕，給我到戶外插著洗手，像是近十年的例行步驟，對灰塵妥了協。定價五十元的地圖，現在一份算十元，老闆也不過問做何用，一切就如四十年前那樣稀鬆平常。

市場對街巷口有圓仔冰可吃，鐵皮牆邊撐出一塊帆布，剉冰機就在下頭刨呀刨的，過去五毛錢，現在三十元的圓仔冰，老闆說，除了珍珠以外，配料都和最初一樣啦，烏鶖牌煉乳也是唯一指定，鷹牌、飛燕牌煉乳，味道通通不對。朋友說，我用六十倍的價錢，吃到六十年前的味道——是啊，那也是好在有人守著一味小吃，一個地方，一段記憶，作為能靠著眼耳鼻舌身意踏入蟲洞、沾沾故時的人，我撥開冰屑撈起碗底的圓仔，感覺自己是很幸運。

隔年再到虎尾，和朋友說，走吧去吃圓仔冰吧。

「圓仔冰關了。」感覺悵然。

「沒關係，那吃鵝蛋糕吧。」

「是『鴨』蛋糕！」

肥料桶
提水桶
垃圾桶
清潔桶
小桶特價
2桶50元
廚餘桶
米桶
糖桶
天天開心
洗衣粉桶
花生桶
麵粉桶
瓜子桶
餅桶

PUSH

16

屏東北區市場

【露店再起時】

Google 地圖顯示，由太平洋百貨出發，沿中華路直走，步行十二分鐘到北區市場——哪知步行二十秒，我就已經，深陷菜市場。

才過馬路，就遇上第一個小販——接著是第二三四五六個，排滿屏東公園西側馬路邊，水溝蓋上鋪個米袋放上佛手瓜，高起的人行道，是國家提供的板凳，日頭從正後方升起，九點前的屏東太陽，勉強可以不撐傘。過了公園，是進擊的路販，有了及腰高的攤檯，有了鐵竿撐起遮陽棚，可以對十二點前的屏東太陽喊：「汝是我手下敗將！」

打頭陣的攤子，後方及鄰隔壁一側都掛上大塊帆布做牆，上頭是滿版的奇異筆線條塗鴉，圖樣接二連三延伸至帆布邊界，不知起

點，無有終點，我想我可能找到了屏東 Keith Haring。母子倆在之中賣魚，「妳要不要？送妳。」兒子指向因牆面畫不下、另外掛上的幾串塗鴉保麗龍箱蓋。

這一整組，全是媽媽「顧攤無聊畫的」，畫布上的萬物，睫毛都沿眼眶長了一圈，使得那西瓜南瓜、老虎海鷗、叼著一千元的雞、手持乾坤圈而頭頂生椰葉的神，都有一種魑魅魍魎的相似性，不擬真也不失真，生命與無生命，在她筆下都開了眼，目瞪世界。「她擅長肖像畫，」兒子說：「我要幫她在屏東公園辦畫展——貼錢請人來看。」這位做兒子的，兼作藝術經紀，發表聲明來是捧損參半，在畫前吃便當的藝術家嘿嘿兩聲，舉起一塊保麗龍板：「妳看這我剛畫的。」

「哇，白蘿蔔耶！」

「是辣椒。」

一年前，魚攤從別處搬來，與蔬菜水果攤比鄰，而客人習慣到更前方的魚鮮集散區採買，多不駐足，不過，平淡生意，造就不凡創作，「她花三年構思，花一年畫。」偽藝術經紀表示。阿姨的靈感，來自眼前的魚、對面豬肉攤招牌、自己不具象的願望，還有超商咖啡杯——兒子向我介紹一幅他認為堪稱形似的 OPEN 將肖像畫——嗯，睫毛長滿整圈眼眶的 OPEN 將。

媽媽給兒子的畫作導覽逗得樂不可支：「聽他亂講！」面對媽媽各種甫完成的作品，兒子又笑不可支，母子賣魚，一捧一逗互相漏氣，搞得像出道新人上綜藝節目。畫布上，寫了不只一個「嘟嘟」、「嘟嘟愛你」，我問誰是嘟嘟？阿姨指指兒子——兒子出生時有四點八公斤，人家都說胖嘟嘟。已經不胖的嘟嘟，LINE 封面照片是媽媽抱著一條魚的樣子，他收起手機，伏在媽媽肩上假裝啜泣：「我們相依為命。」兩人還像他仍胖嘟嘟時，那樣親暱，那樣相依。

一般情況下，街販會將市場建物團團圍在中間，不過這依附著北區市場的小販，是全數集中在筆直的中華路上，那延伸得可真遠，步行來到第十分鐘，還困在這條雙邊小販簇擁道上，遠在前方的市場，因難以抵達而顯得莊重起來，我簡直像在前往宮殿的紅毯上。

好容易進到室內市場，雞豬魚肉，衣飾百貨，鋪鋪佔坪要比外頭寬裕，卻與來客數成反比，漫著一股悠哉。中藥房與相鄰的美容院，是市場內唯二留有手繪木招牌的店鋪，藥房招牌寫著「阿海、高貴中藥」，阿姨獨坐櫃檯後挑菜，「阿海是我先生。」民國六十三年開張的藥房，到現在還得納月租給房東，鋪位看似與市場相連，其實已屬私人地，坪數特小，僅是房東住宅外邊微微向內推的空間。「沒有抓藥了，都在揀菜啦。」櫃檯上的確不放藥材，只有成堆待揀的皇宮菜，阿姨在極限縮的空間內，又安了個簡易小廚房，水槽砧板卡式爐，每天在這兒煮中餐。阿海不在了，高貴中藥也因法規禁賣，那也不需要像以往開到晚上十點，等女兒來吃完中飯，兩點就可以回家。

和中藥房開業年數相近的，是斜前方的雜貨鋪，裡頭貨物分隔皆以紙箱，開口朝前，插空填滿貨架——俄羅斯方塊式的陳設邏輯。紙類用扁箱盛，水瓶以高箱放，切割

合併重組，大紙箱裡能再分七格，如此高的容積率，店鋪小也無往不利，嘴上讚嘆這大型勞作實在驚豔，心下暗忖老闆你強迫症？早年，五百公尺外的濟南街和中正路口一帶，集結了露天攤販群，人都叫那裡是「露店仔（lōo-tiàm-á）」，雜貨店，便是老闆的母親在那兒起家的，日後北區市場建成，攤家們才一一進了市場。老闆說著失笑，當初攤販從街上來，近幾年又巴不得向外流，使得我方才走不盡的路段，長約一公里，又通通是小販，這該說是，露店風華再起？

早期雜貨店前窄通道，和市場裡各處一樣擠滿人，而去年的除夕到初三，三個晚上，只賣出一條魷魚，「現在會來的，要不是老客人，就是走錯路啦。」老闆，莫沮喪，會來的還有我這種，根本不知道自己來幹嘛的。

雞肉攤上，塑膠繩吊著的木板隨風轉，小孩筆觸似地寫上「土雞」，卻搭配運筆熟練的彩色水墨畫公雞。此圖出自老闆女兒之前男友，那前男友是個專門畫寺廟神明像的師傅，老闆可惜地說，要請他畫公雞，是再也沒有了，師傅已經「OK bye-bye」了。是啊，都分手了，我說。「不是，是OK bye-bye了。」老闆向天上揮揮手——OK我懂了。雞肉攤當初也是自外頭抽籤進北區市場的，抽籤僅是決定攤位位置，並非因粥少僧多，「抽籤進來，位子很多啦，那個年代大家流行在工廠上班，做生意的沒像現在多。」我想老闆這番話，還順帶分析了產業變遷啊，「嗳，我決定賣雞肉前，本來也是在工廠上班哪。」

•••

相對於得和人車拼搏的流動路販，市場外邊騎樓下的老店，悠閒太多。蔘藥行整組亮面實木櫃，擋住了後頭被淘汰的百年藥櫃，那是老闆最初開業時，自兩公里外的重慶路老藥舖，一路用三輪車運過來的。電視機就嵌在藥櫃裡頭，股市名嘴在甘草麻黃杜仲間，激動指出台股崩盤。「給妳看我的錄影。」老闆冷不防說，接著置入一片DVD，螢幕即刻映出紐西蘭雪山景，由行進的巴士向外拍攝，導遊的講解外，還有絲竹樂襯底，我說老闆你也真用心，還後製音效，「沒有，我用錄音機直接放的。」老闆出國玩，配備有二，V8以及國際牌錄音機，預錄幾首絲竹弦樂，隨時為錄像配樂，「拍紐西蘭那個Sky Tower，配〈小城故事〉，讚。」

歐陸在藥櫃中遊遍，再放另一片光碟，這次是「長江三峽武漢八日遊，上集」，自帶音效又響起，老闆從牆上抓下一把胡琴，拉出和配樂絲毫不差的旋律。胡琴音箱是他用椰子殼做的，平時在家等熱水燒開，就拉拉琴。牆上也掛洞簫和高音二胡，樂器上方有畫三幅，寫生油畫及龍虎國畫，無師自通，張張獲獎，藥櫃正後方那幅單人練拳炭筆肖像，是他畫自己打少林拳的樣子，「你也會打拳？」老闆望向門口立著的偃月刀，「我還會耍刀咧。」

錄像中，老闆白白壯壯，胸肌不小，「我以前操很重。」家中備有啞鈴，臥推硬舉天天來，現在偶爾還「操」個幾下的老闆，既黑且瘦，不過十年，另一個人似的。言談間，太太催了他三次，機車趕快牽去修，「好啦，好啦。」——所謂英雄，所謂無用武之地。

臨走前，發現藥櫃旁擺了一雙老式溜冰鞋——老闆會溜冰？我真的不意外。

17

台南山上市場

海拔四十公尺的山上

「今天我們要去山上的市場。」

車開了十分鐘，「到了。」

「蛤，我們不是要去山上嗎？」

山上區，舊名為台語發音的「山仔頂（Suann-á-tíng）」，卻不是個山頂聚落。位在曾文溪流入平原處，大致平坦，僅東部為丘陵地，自低處望之若小山，故稱「山仔頂」。要注意，和老一輩的人說要去「山上」，得說San-siōng（山上），若說成Suann-tíng（山頂），那老人下一句就要問：「你欲去佗一个山（你要去哪一座山）？」

市場前有間老式理髮廳，玻璃窗上貼了「Ho Ning Barber Shop」字樣卡典西德，兩旁則對稱貼上「男士冷電，技術本位」，字體

曲曲扭扭，不小心看成「男士沒電」，其中「電」字，以兩道閃電替代「雨」中四點，特請匾額師傅手寫刻出來的字樣，是空前絕後了。「和寧」這名字是給小鳥算命取的，連著「理髮廳」，五字以厚重的標楷體鎮在店頭。理髮廳，是夫婦倆生活的殿堂，裡頭也確實宛如羅馬式宮殿，門窗、櫃檯緣和天花板邊角，皆設計為弧形，牆上相連的拱形鏡框，儼然四道君士坦丁凱旋門，老闆拭著鏡面說：「日本製的，五十年還是跟新的一樣。」每道凱旋門上都安了顆大黃燈泡，日光燈一關，粉橘色的毛氈牆在黃燈映照下，何其富麗，而昏黃中椅套白得泛紫，水族缸透著綠光，屬於舊世界的瑰麗，歡迎來到布達佩斯大飯店。

店內掛有十一只款式各異的鐘，而梳妝

桌上除魚缸與盆栽，也放奇石紫晶洞，鏡子間貼有九幅世界風景名勝圖，美髮用品層架上若有剩餘空間，必要塞滿各式公仔，因此，龍貓、詹詠然和大麥町同在富士山景前的物種大熔爐場面，在這裡是見怪不怪。

理髮廳全盛時期，老闆請了好幾位小姐坐鎮店內，頭髮不用常常理，客人卻要常常來，「他們每次都來這邊奅（phānn，追求）小姐！」過去理髮廳那些厚重的手動剃刀和鋁合金吹風機，早在十幾年前，就被好好地收在抽屜裡，老闆掄起如今慣用的輕便電動剃刀和塑膠吹風機，說理髮這行，越做越輕鬆了。來客量也跟著鬆了，過去來奅小姐的顧客，毛髮已稀，都不好意思上門來，而那些髮絲正茂的年輕人，「都流行頭髮攄（lu，推剪頭髮）很高，留一撮，染紅紅，不會來我們這邊啦。」我想像那髮型——年輕人都流行紅孩兒頭嗎？

言談間，只有一位阿伯進門。厝邊來送自栽敏豆。

•••

山上市場小，可一眼盡覽，角落一攤特別闊，兩個雙開冰箱、三個爐子，把四個攤

位大的空間都包下來作廚房，據聞老闆是當地的辦酒席高手，讓人每天早上都能買到佛跳牆。山上區一帶有不少工廠，因此在這台語滿天飛的鄉下菜市場，也聚集了好些平均年齡不過三十歲的移工，他們和這些中老年台灣人，處得一派和氣，不只在市場一角開了間放送印尼流行歌的雜貨店，也幾乎成了此處的主要消費族群，有鑑於此，部分攤位特地附上英文標示，只不過那個 vegetables，寫成了 selbategev。

靠市場外邊的雜貨鋪，掛了省政府糧食局發給的「食鹽」小牌，鏽得字都糊了，只見「艮鹵」，嵌在牆上的多寶閣造型貨架，只剩罐頭擺著，對於不準備再進貨的雜貨店來說，「耐放」為上。有人來要買蛋，我看他跟空氣說話似的，直到阿婆駝著背從櫃子後方走出。她收了錢，坐回店前鐵椅上，捧起小冊子，以台語誦唸般若波羅蜜多心經，長得翹起的指甲滑過紙上每一個字，阿婆說，指甲留著，才好打塑膠繩的結。

住附近的老伯例行來買了罐蘆筍汁，嘴裡碎念：「現在都過冬至了還不冷，我小時候啊，九月就開始冷囉。」又幡然醒悟，「啊不對，以前會冷是因為沒衣服穿。」他和雜貨舖阿婆，都是民國二十二年生，與我同屬狗，提起日本時代，只有「苦」一字，「那時小偷抓很嚴，抓到就拖去衙門，趴在地上用棍子碾腳骨。」「還有拔指甲。」阿婆在國小讀到三年級才因戰爭停學，在那之前，她說日本人稱「山上庄」叫「やまうえ（Yamaue）」，市場這塊地那時還是田，人們擔著貨物到附近丘陵山腳下擺攤，直到戰後，市場才建起。阿婆四十六歲時，向原來的經營者盤下這雜貨店，現在的她要九十歲了，還每天爬上級距那樣高的樓梯，睡在二樓舖位。

她是架上那些放了好久的罐頭，賣一天，是一天。

隔了一年，再到雜貨舖，感覺更空曠，才發現店內那上頭有好多可掀式圓鐵蓋、宛如潛水艇門的日製百年糖果櫃，被人用七千塊買走了。

18

嘉義東石魚市

外公孫女喊魚記

「每日早上九點到十點，打查詢出海電話，如有漁船出海它就會叫客人早點去買魚，如天氣不好沒漁船出海它也會叫客人不要去。
以上明細　外公」

朋友的外公留了紙條，他相信我們一定能在東石魚市喊到魚。

週一休市外，嘉義東石漁港，每日有船載海鮮返來，魚市喊價拍賣，下午一點半，準時開喊。欲參加當地人謂之「喝魚仔（huah hî-á，漁獲拍賣）」的拍賣會，得先向櫃檯押證件領號碼章，獲取買家資格。又稱「糶手」的拍賣員，將以S形路線行進，對地上一堆堆的魚喊出當日每公斤價碼，價格隨喊聲依次遞減，若同時有多人要了，則價再喊高，買家聽到屬意的數字，便把章遞出，讓糶手在寫了價的單子上蓋下號碼，最後憑單至櫃台付帳。

程序說來輕鬆而愜意，執行起來是緊繃有尿意，外公交代，出門在外，手腳要快，欲喊好魚，得抱著度一切苦厄的決心，衝破人群，以肩膀死死抵住糶手，才好伺機把章遞到他眼前。於是這一回，使出洪荒之力，也要擠進這群龐大的S形洄游中年公魚群——我，要喊白帶魚。

「170、170、60！」結束，魚尾都沒見到。

「120、15！」又沒了，餘音還在梁那邊繞呢。

「100，成交！」我是哪裡？我在誰？

接連失利，明白魚市非我蝦米輩應屬之地，遂心如止水，觀第三堆白帶魚開喊：「80、75、70、70——妹妹妳再不喊就要被買走了喔。」

我我我，我是妹妹！

虧我剛剛還一副不以物喜、不以己悲的樣子。

競爭四起的魚市中，小輩有時是被眷顧的，那些總是包下所有的大戶，可能為你留

一簍蝦，而拍賣員再怎麼雷厲風行，說不準也願意貼身於側，每一聲都只喊給你聽，直到有人打破這場浪漫——「可以買了啦！」

●●●

上回缺席的外公，今天要親自領著孫女及其友人我，去喊魚。

近午，外公撥了通電話過來，「喂，下晡一點半開始喝，(喘)十二點半先來共我載(喘、喘)*。」老家在嘉義網寮村的外公，說起台語，有尾音上揚的海口腔，「阿公你怎麼一直喘？」

「偶在跳健康操啦！」

註*下午一點半開始拍賣喊價，十二點半先來載我。

下午一點初頭抵達魚市，漁獲已在地上列隊排整，我們仨，拖車拉著、保麗龍箱捧著就進場——不是每個人都有資格就近把箱子放在場邊，得是老鳥如外公，才能在櫃台旁擁有一塊被默許的置物區。押證件以獲取買家資格的規範，亦不適用於外公，二十年誠信換來的刷臉入場，使其孫女與我，連保直接取得印章入關。拍賣開始時，場內將會嗶嗶吹哨兩聲，眾人老早就到場邊坐以待嗶，而外公是趁著這段時間，揹手在魚陣中徘徊，避免踩到魟魚尾，或者踢到鱸魚頭，並暗自記下待會要喊的魚堆位置。此時心雖有所屬，務必神態悠然，以免引起注意、製造競價對手。

哨聲響起，眾人擠在第一堆魚前，亦步亦趨擁著喊聲前進。外公要午仔魚，但午仔魚「180！」「140！」一次、兩次被喊走，我說外公你怎麼不出手呀？「我在聽。」是的，外公聽完拍賣行情，立刻脫隊，到下一堆午仔魚旁等著，屆時他就會知道，140以上的，都不必出手。新手喊魚，是一跌就忍不住買進，然而外公放的是長線，聽的是趨勢，守得雲開見月明。

前一堆狗母魚人人搶，從一公斤五十塊開喊，到了這堆，拍賣員瞥了一眼，起價立降，「15、14、14、13！」一公斤的魚才十三塊？——遞出印章。眾人目光即刻投來。

在小盤商與餐廳業者為多的魚市拍賣中，這堆內含九種魚的雜牌軍，可謂是沒人要，他們要看看是哪個呆子，願意花錢買這堆「什魚」。耀手接過章一蓋，單上寫了「什」字表「什魚」，「2」表總重兩公斤，價碼欄卻寫「9」——難道，在「13」話音落下到寫上「9」的幾秒內，每公斤魚價在異次元中降了四塊錢？外公說，見好就別問，雖然這樣沒人要的魚，最低是可以喊到一公斤三塊錢的，那是讓漁會和船方抽成的底限。

今日漁獲量多，買氣高漲，作為拍賣員，既得在一眼瞬間辨認魚種，及時判定當日行情，又要感知每一次喊聲後，四面八方探出的印章先後順序，內憂外患使得這位已然半禿的耀手大哥不時爆出：「啊拜託一下啦！」「啊亂掉了啦！」更數度暫停作業喝斥眾人，幾次價碼喊到太低依然無人出手時，也要怨：「啊是欲買無啦！」

東石魚市分大小兩區同時進行拍賣，小區以籃裝蝦蟹為多，漁獲種類和買家數量皆較大區少，交易常有舒緩進行之感。小區拍賣，在耀手與他的朋友兼買家們的談笑聲中，忽然開始：「180、180啦，175好不好？170可以嗎？」與隔壁開價如律令的拍賣員比起來，這位大哥喊起價，走的是勸世路線，每一次叫價後，都要環顧四周，確認沒有容他慫恿的餘地，並偶爾對舉棋不定的人給予鼓勵：「兩百可以啦。」外公在他的煽動

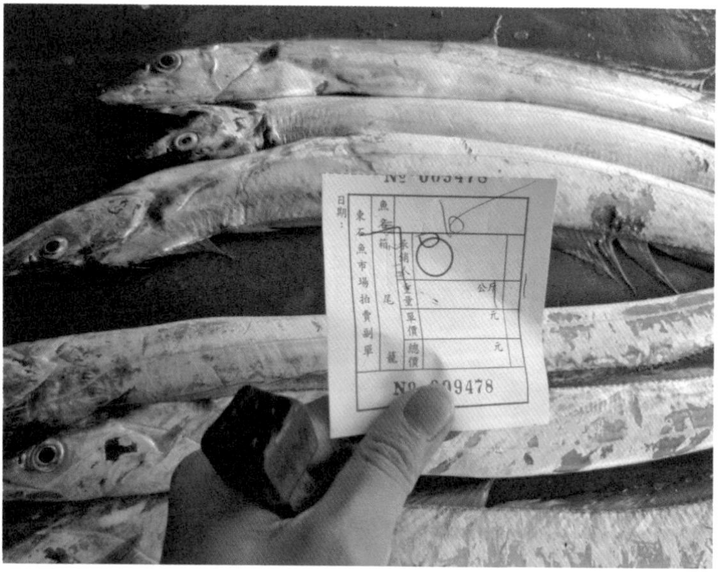

下，要了狗母魚三公斤，蹲伏一旁的阿姨立刻竄出，「殺一堆五十，不跟你算尾啦！」拍賣場邊，駐紮了幾位代客殺魚的阿姨，以魚種剖殺難易度和尾數計價，她們必須掌握人的惰性與時機，搶在成交的瞬間自薦，否則在地買家若願意自個兒殺魚，段數是一個高過一個，哪需要外包呢？

拍賣開始前，漁獲先由理貨人按魚種分類，過磅入簍，再「射」至場中，被賦予動能的塑膠簍，在濕漉漉的地上好似長腳，走敢若飛*，場中大姐倏地接起，倒出魚後將簍子隨手一拋，每一次，都準確落在相同位置，疊成一落，一排倒完換下一排，齊得像是地上畫有格線。場邊投手發射魚簍的勁道，或力拔山兮或輕如吹絮，依場內捕手位置而定，華麗的貼

註* tsáu kánn-ná pue，跑得很快。

地飛盤賽來到九局下半，捕手依然零失誤，三振沒有人出局。

每簍魚都經秤重並按公斤數擺放，因此，定位後的魚堆不能再移動，好讓拍賣員叫價時，能依位置辨別公斤數。定位完成，理貨彪形大漢隨後蹲下，面對地上每一堆散亂海鮮，他都要思考一下，依據其身型與數量排出對稱陣列：花枝只一隻，那就花枝獨秀吧，兩條白帶魚正好曲成心，五尾白鯧嘴對嘴連成星，八隻牛尾魚做八卦陣，三十隻石鱸，為您獻上牡丹花開富貴圖，每一次熊掌拾起小魚，就是鐵漢柔情。

孫女塞給我一個塑膠袋，「等一下阿公有喊，妳就幫他裝魚，我去那邊等蝦子。」一堆魚，平均七秒成交，成交後，糶手跨過魚堆續向前行，得主須隨後將魚收拾乾淨，若俯瞰此景，糶手便是在S形迷宮中，邊前進邊吃掉豆子的電玩小精靈。迅速收魚亦是項本事，能者各個手提畚箕，把魚當落葉掃，或將整串塑膠袋塞在雨鞋內，作衛生紙抽，我孑然一身，徒手要抓外公喊得的滑不溜丟鰻魚，蹲地與之奮鬥兩分鐘，以為是大哥哥帶我來捉泥鰍。才起身，孫女就啪嗒啪嗒跑過來：「阿公，是真的耶！我把印章放在他肩膀上，他就感覺到了耶！」方才獨自去喊蝦的孫女，在叼著煙的中年男子群中，叫天不應叫地不靈，那個時候，外公的話浮上心頭：「要喊魚，就要死死抵住糶手的臂膀，

趁勢把章『嘟』到他眼前。」雖然人多到孫女的印章「嘟」也「嘟」不過去，粗勇的耀手大哥，卻感受到了肩頭上那擱著的小小重量，轉身將整簍蝦賣給了孫女。

我們仨，以三種氣勢，喊了總價三千元的海鮮，拉著隨時要被保麗龍箱壓垮的拖車，成了另一艘滿載的漁船，駛回家裡，外婆倚在門邊等著，她看我那袋總重兩公斤，卻只要十八塊的什魚，「晚上做夢都會笑醒喔。」

這堆有著豆仔魚、灰鮫、黑鯧、青鱗仔，以及種種連外公都無法指認的什魚，殺法各異。天這麼黑，風這麼大，爸爸戴著斗笠在大雨中殺魚，邁入第四十分鐘，我終於知道這堆十八塊的魚，貴在哪裡。

19

台南善化第一市場

三過菜市而不入

作為一個善化人，善化菜市場，我可真不熟悉。

市場大樓，僅一樓為攤販區，二樓，聽說有鬼，搭電梯要小心別按到「2」，三樓有圖書館，四樓是舞蹈教室，五樓開著全聯。小的時候，平均每週有三天要到四樓去跳舞，國三以後，日日浸在圖書館，拼了命考上高中，迎來的居然又是——連續三年放學後，乘著電梯上三樓，到那以為能夠遠離的圖書館。十年中，我看似一天到晚進市場，那也僅僅是為了搭電梯，一樓攤販區，並不駐足。

與市場的交集少，使我格外記得，一樓有個肉鋪老闆，妝畫得特濃，吾娘都在那買肉，因為「她每天都這麼勤奮化妝，對待豬肉

一定也很認真。」旁邊是豆干店，顧店阿嬤的背駝成九十度，我老是懷疑，她是怎麼搆到架上那包豆皮的？還有輪番以冷熱甜料擺滿店頭、作為季節吹哨者的糖水舖，以及隨時看起來要倒店，卻天天跟著日出開張的豆菜麵店。

店都還在，不過市場邊那賣了好久的肉粿攤，這回再吃，粿仔卻不如以往被悉心煎得外脆內軟，過少的耐性和過多的油，使粿仔米香盡失，徒留膨大的粿仔殼。一樣是在來米磨漿，或加入少許地瓜粉揉和成糰，每次取一點，煎成兩面「赤赤」的圓餅狀粿仔，在偏南的關廟、仁德一帶，粿仔包了肉末餡，在偏北的永康、新化、善化，粿仔不包肉，但淋上肉末羹湯，再灑些蒜泥、蔥末或香菜。粿仔於我，是脆口與潤口的極致雙享，不過今天，我的失落，就像點了一份乾烙蔥油餅，來的卻是炸彈蔥油餅。

市場位在善化區的中心——或者說，早期的中心，不遠處便是三級古蹟慶安宮，道路兩側立面絢麗的街屋群，曾經，也依然是照相館、西服店、書局、藥鋪、針車行，外科醫院和製餅部，仍保有完整的店號浮雕，許多老一輩的善化人，生命繞著這兒轉。善化第一市場大樓，座落在雙十字型道路之間，兩邊延伸出各式跑江湖販，然而在這些一週或一個月只來一、二次的臨時攤區中，矗立一座恆久不動的建築，上頭有「灣裡街戲院」字樣。取自善化舊稱「灣裡街」的戲院，是早已歇業，小販佔據了它的騎樓，生意火熱得緊，三片五百的鮭魚輪切，一會就賣光。

戲院對面十公尺處有條巷子，巷口上方橫著的拱形鐵牌鏤刻出幾個字，卻鏽得只能辨出一個「公」，問一旁的擔仔麵攤，原字為何？「善化第二公有零售市場！」兩位阿姨異口同聲。因第一市場「不敷使用」而增闢的第二市場，幾個年頭後，又面臨需求減少，成了「不需使用」，閒置至今。過去擔仔麵攤開在灣裡街戲院的樓下，當時，對面又是另一間「金都戲院」，娛樂消費甲一方，人不管在哪家戲院看戲，到麵攤點個黑白切、吃上一碗麵，都是順勢。後來，麵攤欲買下店址不成，便在十公尺外，另租了鋪位，阿姨手裡依然忙著灌米腸、切滷菜，眼底流過的風景，卻是咫尺遠的金都戲院拆除改建，還有灣裡街戲院因產權紛爭不得動彈、依舊尷尬守著街角的樣子。

要提善化當年勇，看第一、第二市場，看灣裡街和金都戲院的位置便知道，這四個點必須蓋得這樣近——幾乎是跌一跤就到了的距離——才能撐起在地人口需求。如今即使僅存第一市場，善化依然勇得不得了，南科崛起後，附近的老房子拆的拆、地賣的賣，給建商蓋起一棟高過一棟的小豪宅，準備迎接大批南遷工程師，以及廣告看板上的「新世代、新契機」。在這個老聚落裡，有個新聚落即將生成，並且不是先有人才有房，是先蓋房，之後就會有人了吧。

房子以倍速增生，粿仔用炸的才賣得多；房子蓋好了等不到人入住，炸粿仔成了空洞的殼。

說真的，也沒什麼好抱怨肉粿的事，不如反省自己在市場一帶晃了十年，居然直到舞蹈教室搬了，基測學測考完了，不必再搭電梯向上時，才鄭重踏進善化市場。回頭看一眼豆干店阿嬤，背還是駝成九十度，幸好沒有更彎。

20

高雄鳳山第一、二市場

【大迷走鳳山】

「水產販賣區」磨石子檯上方，燈罩如瓣，隨底下的人開工，一朵亮起似紅花，「肉品販賣區」為白瓷磚檯，有頂且與左右分隔，每攤自成鏡框式舞台，一座一座，搬演著骨肉分離腥羶戲。

不過五年，魚攤由八剩三，肉攤好些，剩四，兩區原來都掛有「斤兩公正，價錢公道，衛生可靠」標語，現在全沒了，連那塊藍底白字的「水產販賣區」牌子，都倒放在公廁邊草地上。

鳳山第二市場，分肉品、水產、飲食、南北貨四區，不過掛了「南北雜貨販賣區」牌的通道中，也有魚攤，也有熟食，而「飲食業」後邊，沒一家小吃店開。市場內，鐵門多緊閉，二樓以上的加蓋窗，把天空蔽成細細一線，每

條走道都左岔、右岔、斜岔出窄得迫人的羊腸小徑，去向任君選擇，但君如果怕迷路，最好隨身攜帶麵包，像漢塞爾與葛麗特，沿途丟麵包屑。走遍四大區，可謂四大皆空，只南北貨區攤販堪稱密集，在通道口賣雜貨的阿嬤說，起初就是混合設攤，市場改為三層樓建築後，才做了牌子將商家分類。但這些年，攤販驟減，誰還管那分區呀，有人的地方，就是營生寶地，在南北貨區賣魚，生意都要比在水產區好。

「我在公園仔擺攤，也有五十年囉。」和雜貨舖阿嬤差不多歲數的鳳山人，都叫這裡「公園仔（kong-hng-á）」，第二市場這塊地，過去確實是個大公園，日治時期，此處被選作公園用地，因地勢低，便運來附近矮丘陵泥土將之填平。不知是否因為如此，雜貨舖與對面的天公廟，相距不過一條路寬，地勢高度卻差了一截，現在有斜坡接起，以前，就只是個坎，「小時候，我都用跳的。」為了示範，阿嬤站起來，給我來了一個九十五歲跳。戰後，接連有人到公園佔位，鋸樹搭棚架結市，露天市集這麼喧嚷了一陣，四〇年代初，市場正式成立，眾攤商造起木屋，自做生意或轉賣，一手兩手三手轉，阿嬤這塊舖位，便是向人買下，地權依然屬政府，商家在上頭蓋房安居。從公園、露店到木板房，如今被稱為「鳳山第二市場」的鋼筋水泥建物，則是民國五十八年後的事了。

市場內部空曠曠，做生意者心知世人懶得下車入市，紛紛搶佔路邊，「車子咻咻叫，老人不敢走啦。」現在若要阿嬤到中正路上買東西，就簡直要驚死她。「建市場是為了集中攤位」之精神，阿嬤一生信仰，為表支持，民生百物，她一律在第二市場內採買，「我顧這个市場，我佇遮買，較貴嘛無要緊*。」日日坐在路口，是頗有顧市風範，眼看市場冷清得只剩這條通道有人氣，阿嬤手心一拍：「逐家若是精神攏像我遮爾統一，市場就袂稀微**。」不過事難強求，誰不想撿便宜過生活？有些勢，無法擋。

距離第二市場不遠處，有日本人設立的鳳山第一市場，關於其確切位置，路人多半拋下一句：「去到三民路。」——在市場問路，結果注定不精確。往三民路上，沿途多有算

註*我顧這個市場，我在這裡買，比較貴也沒關係。
註**如果大家都和我理念一致，市場就不會沒落。

命擇日館、嫁娶用品行、金紙香鋪和老嫁妝店，為生老病死服務的店家，密集開在當地人稱為「老鳳山」的街區裡。果真如眾人所說，人到三民路上即可，自有小販簇擁著轉入那條寬度近似於巷弄的成功路。成功路一帶，早期被稱作「中街仔」，流動攤販賣菜賣魚，賣柴賣米，日用百貨也盛，中街仔介於「草店頭街」和「草店尾街」之間，整條「草店仔街」，正好是由鳳山最老廟雙慈亭，到早期移民自鳳山溪上岸之處，當時人們沿街蓋起茅草屋，開店營生。

第一市場入口，非常隱晦地藏在成功路一側，場內攤販開業的、倒閉的並列，只有部分區域翻新，像是曾經想一鼓作氣整頓，卻只吸了半口氣，改半頭、換半面。攤位分佈隨性得有如早期露天集市，走道位置不對稱，寬窄且不一，建材那是非常多元，磚牆拼上鋼構，鐵皮附著木角材，壓克力雨遮下方，水泥牆龜裂。各處縫隙使人迷航，鳳山眾生倒是出入矯捷——第一市場，是local people friendly，我的障礙之路，是當地人的無障礙通道。建材拼接而路徑錯綜，或許是戰後因市場不敷使用、接連改建之故，當時鄰近的軍校和部隊，伙食全賴這，採買兵時時入市，第一市場都被稱作是「兵仔市」。其中買米多到成功路五十四巷，那裡米舖匯集，眾人稱之「糶米街」，而今街上米店只存一二，當軍營食材改為統一採購，「兵仔市熱」，緩了下來，人在糶米街挨肩擦膀的時候過了，兩側相對鐵門間，可以羅雀。

米街上一家布莊，櫥窗內模特兒生著金髮穿旗袍，當傳統布莊因市場需求轉換、一一改為寢具店時，這店內鋪天蓋地的，仍是布疋而非棉被。天花板以木板做包樑設計，有幾何圖形飾紋，老闆在極深的店舖後方倚著櫃檯看股票。民國六十二年開幕時，店內除了空調，還裝有喇叭，客人購物時，放送冷氣與崔苔青，「不過，我還是最愛聽謝雷。」老闆的西裝頭，梳得妥妥地。若店內燈全打開，十九根燈管，會照亮布莊開幕的那一天：鬢角修得細長、手戴腕錶、身著緊身西裝，三位二十初頭歲男子，正為店內阿姨們量身、選布料——那個畫面，並不夢幻，有照片為證。

開店以前，男孩在舅舅店內當學徒，學量布，學挑布，學如何將布疋捲成直筒，與師兄一同睡在地板上的日子沒有太久，他在二十歲時，就開了「南鳳布莊」，「『南』部的『鳳』山，這樣年紀大的客人才記得住。」小時看著舅舅拿帆布袋裝現金，到台南市民權路買國產布，輪他作主時，改搭飛機或光華號列車，到台北南京西路挑進口布，採購量要是太大，遞個名片，將有外務員下高雄服務。

做一套衣服約莫六、七百塊錢，歌星來，政治人物來，在東港開美容院的老闆娘，一次就要了四套，位在兵仔市，阿兵哥當然也來，訂做蒸飯布、炊饅頭布，晚上最早打烊時間是十點半，整理收銀機鈔票，一天有兩萬。說著，老闆接起電話——是配合多年的製衣老師傅。雙方仍偶爾合作著，這頭進貨棉布，那邊做包包、口罩套、安全帽內套。師傅當年做的幾套女裝，特殊領的、袖口車花邊的，還成套成套掛在布莊內生灰塵，訂金付了衣服做了卻沒來拿的人哪，十幾年了，老闆都記得妳們。

受了第一市場洗禮，返頭回到第二市場再迷走一遭，會變得比較容易嗎？——一日路盲，終身路盲，方向依然模糊，直到遇上當中的「傳三代」麵店開了。麵店一開，這條稍早還無人的走道，於我瞬間有了意義，迷宮之難解，在於路徑雷同，而一旦當中有了例外，便有所依循。地方因破落而相似，卻不以活絡而類似，市場繁大，人卻知道上哪買鴨，去哪抓藥，如果活在店舖盛開的年代，我想我是不會在鳳山市場迷路的——吧。

麵攤也沒有名字，只知人皆以「鳳山二市場一八九號麵攤」呼之，就賣乾麵、扁食湯、丸子湯，才坐上小吧檯，客人接連到來，「扁食還有嗎？」「扁食很早就沒了嗎？」「扁食什麼時候沒了？」沒了扁食，眾人理智盡失，問題都顯得無濟於事。但總之各位，最後一份扁食湯，是我點的。

男孩外帶了五份，給自己、父母和爺爺奶奶，那碗麵本身傳三代，在鳳山不知幾戶人家內，也傳了三代。代代相傳的外帶，使內用人士我得等上一陣子，撥了通電話給鳳山友人，大嘆市場路徑之複雜，簡直是要丟麵包屑等級，話筒另一端語帶納悶：「妳為什麼不開手機衛星定位？」

我，枉為Y世代。

21

台南新營第一市場

La Vie en Pain 麵包人生

「妳的髮型很像那個——」「學生？」「很像那個劉德華咧。」——我以為長瀏海顯清純，但阿嬤覺得是劉德華。

阿嬤的菜攤，在新營復興路邊紅線上，紅線不能停車，擺攤總行吧！那攤位的遮蔭法，是在好神拖組上，綁一支陽傘。聽我寫市場，阿嬤說：「妳去問隔壁那間開很久的香紙行，那個男生人不錯。」人不錯的男生，是香紙行第四代女婿，店內全為檜木結構，百年來給香火燻得黑亮，大白天還是墨一樣暗。連著香紙行的三間木造街屋，二樓立面都有日式拉門，老闆說，早期新營最繁榮的地段，就屬店面所在的復興路，有能力者競相在這蓋起房子，然而風格相仿的街屋，如今也只剩這三連棟較明顯了。

的確，復興路一帶早在日治時期的地圖上，就密集標示了代表建築群的黑色小方塊，並接壤今日的中山路，直直通往新營驛。黑色小方塊們，包含如今依舊在的濟安宮和新營第一公有市場，而即使不在地圖標示範圍內，寺廟與市場間雲集的街販，是一直存在。自復興路岔出去的忠義街，便是這麼一條流動小販道，街上的賣筍阿姨，三十年前就買下攤位後方的房子，當年買時正貴，「這邊可是菜市場啊！」卻沒料到近十年地價連跌，賣出價都不及當年買入價，原因卻是同一個，「這邊是菜市場啊。」阿姨的小生意，兒子也不願接手，他說：「這不是人在做的。」

斜對面菜攤後方，高掛「造福鄉里」、「里政熙春」等五塊木匾，擔心我誤會，阿伯擺手直說：「我不是里長啦，是前里長他捨不得拆啦！」租下里長住所前的空地擺攤，襯著那官腔字樣，賣起菜頭，都有點派頭，這些匾額，都來自「台南縣」時代，看得出前里長，真的捨不得。阿伯直慫恿我去與隔壁賣麵包的搭話，「她是這裡的大姐頭，以後要選里長——但她不會承認啦。」據阿伯說，這邊的攤販都歸她管，她不喜歡的人，就難在這待了，「不能說是我說的喔，不然我還要送她禮物會失禮（huē-sit-lé，道歉）。」旁邊賣豬肉的，聞之居然連連點頭同意，說成這樣，我都緊繃起來，幾次走到麵包攤前又折返，最後乾脆繞去旁邊的濟安宮。濟安宮是新營的第一座廟，清朝起便被當地人稱為「大廟」，藏在巷內，給小販包夾，帆布棚沿寺廟圍牆架起，使濟安宮外圍，整整多了一圈雨庇。包夾之餘，大廟也被滲透，金爐、門口石獅子旁、保生大帝的坐騎馬爺前，都成了由廟方收租的擺攤聖地，廟埕上整齊排滿的，不是信徒，是機車，整個廟埕，都是新營人的停機坪，比鄰大菜市的大廟，既神聖也極度日常。

麵包大姐頭不在。

到攤前窺上幾眼，白鐵盤擺了布丁麵包、甜甜圈、拜拜蛋糕和壽桃形鳳梨酥，給人吃，也給神吃。這時大姐自遠處疾疾返來，灰髮小個子，如果有什麼讓她看起來難相處，大概也只是那兩豎特黑紋眉罷。然而人不可以貌相，我未開口，她先聲奪人：「我的麵包，不用添加物就很好吃，跟我的臉一樣，不用化妝品點綴。」好氣概。二十二歲和麵包師傅結婚，「一個做一個賣，到現在四十一年——算妳四十年就好。」那大姐我今年二十六歲，算妳二十四就好。販售品項不曾有變，除了九入餐包要價二十五，其餘均一價十元。大姐豎著眉近乎監視著我咬下芋頭麵包，說很好，慢慢吃，「麵包就是要吃情調，人生也是。」可是她看得我的人生，好緊張。都說菜市場沒落了、生意難做，但在大姐眼中，人潮是不減反增，「有很多外國人啊！」「不能講『外勞』，是歧視。」

鄰忠義街的公有市場內，可以看見布莊、銀樓、百貨、擇日館、鎖印行、照相機店——的招牌，鐵門沒一個開，就連生鮮攤位也大半閒置，進來採買的人有多少？少到阿伯搬張椅子在走道間睡到嘴開，都不礙著任何人。仗著空曠擺出店頭的貨架上，貼了「肥皂 สบู่ 傻補」、「肥皂 Sabun 沙不恩」——我在無預警下，被進行了泰文和印尼文發音教學。

這舖子，是五金百貨行的再濃縮，店寬不過兩公尺，卻沒一樣東西找不到，前頭還有一櫃東南亞語言叢書，「用中文說外國話」，上面寫著。老闆著迷自學語言，亮出他的越南文課本，每個單字旁，都有他以台語和中文穿插拼注的讀音，「頭腦」唸作「落ㄛ」，至於「豆腐腦」，「ㄛ落」。離不開守了幾十年的鋪位，老闆就在這一坪大的空間內進修，市場的「外國人」多了，正好成了學習欲的出口，小鋪就是他的學問實踐場。老闆也特愛寫字，賣個頭燈，要洋洋灑灑寫一張頭燈用途：「夜行軍」、「巡田園捉青

蛙」、「歌友會手搖燈」，又如，紙箱上已經印有「鹽水意麵」四字，還要再寫上一張「鹽水意麵」，而明明是整袋賣的即溶沖泡飲，偏要再附註「每包十八克，一包五元」——好想寫字，好想寫字，這種明知無謂卻克制不住的心情，就像我蹲廁所時若沒書看，便要把衛生紙盒翻過來讀。臨走前，老闆送我一張他手寫的熱帶植物「沙梨橄欖」介紹，詳述施肥要點、如何授粉、食用建議，當然也不忘語言教學，越南文 Cây Cóc「該高」，印尼文 Sawo「沙窩」。

清寂的氛圍，在出了公有市場後，立刻讓忠義街上你擠我碰的大夥打破，在街上設攤，得見縫插針，彼此距離緊貼、關係親近，賣筍阿姨有言：「好險我在菜市場工作，六十五歲也不用退休，不然哪天不能和大家聊天，我看不如死死去。」想起麵包大姐頭的「人生該如吃麵包般有情調」理論，筍子賣了幾十年，生活已經寬裕，阿姨到市場來，是找個人陪吃麵包罷。

麵包啃著啃著，總算咬到裡頭的克林姆。

22

台南新市市場

【並非指新的市區】

家住善化，南鄰新市，即便不常造訪，生命卻要時時提醒我它的存在，以各種姿態。

小時候，爸爸三天兩頭宣布：「我要去新市買冰鎮滷味。」──新市等於滷到發黑的花生。高中一早搭火車上學，「新市站到了」──新市等於擾人清夢的機械式報站女聲。台南科學園區崛起──新市等於月入四萬的人生。這個伴我左右的地方，隨著我上大學離開台南，成了極少人知曉的地名，而歷經縣市合併，新市鄉成了新市區，每每和外地人提起，對話狀況大致如下：「我去了新市區的市場。」「哪個區？」「新市區。」「哪個新的市區啊？」──為免誤會，以下簡稱「新市」。

新市公有市場，和對面清朝時期便蓋成的

永安宮，一塊被包夾在中正、中興兩條路交錯圍起的街區內。在通常休市的週一，市場依然有一半的攤位開著，只不過才早上九點，眾人便有預備收攤的態勢，麵攤磁磚檯，已經成為吧檯，酒水自備不收開瓶費，只求給老闆留一杯。人雖少，牆上佈告欄倒是挺活躍，市場自治會貼了張護貝過的「顧客服務天龍八部」：「製造氣氛建立信任」、「以對方眼光看自己」——約會大全了這是。守則第八項：「三心二意（與顧客）結為好友」——咦，不能全心全意嗎？另外有張寵物協尋啟事，大約是此鳥這陣子依然杳無音訊，告示上又多了一行手寫飼養須知：「拾獲者請幫牠定時修剪嘴喙，否則牠將無法進食」，有股成全別人的心酸感。

市場也不大，就容下兩家越式料理，各佔兩個鋪位寬，在當地的越南移工社群中，是無人不吃、無人不曉，主廚、助手到客人，都操著一口越語，活脫脫來到十坪大的越南。整個早晨，吧檯小桌邊的客人，一批翻過一批，那方廚房就像一塊上等糖，好多螞蟻依附著，只不過識得家鄉味的越南蟻，比台灣蟻要懂得善用桌上的檸檬角，以及向老闆討碟額外的木瓜絲。

市場對面中興街上，民國五十六年開業的「皇聲慶商號」，店名以筆畫極粗的紅

色正楷寫在鐵門上緣，後頭則以隸書寫上「唱片，飼料」——唱片和飼料？

常年穿吊帶褲的老闆證實，這是個兼賣飼料的唱片行，不過疊滿飼料袋的店裡已經沒有唱片，只剩木櫃上還有些錄音帶。櫃子上標示了「國語老歌」與「台語老歌」，錄音帶主題卻是各種鳥叫聲，竹雞、畫眉、雲雀、斑鳩、綠繡眼，每種鳥還要分公母，下面一排錄音帶，則是「八哥鸚鵡學講話」系列，卡帶名稱為「頭家人客來喔，我真古錐喔」、「我是九官鳥，老闆你好」、「哈囉，你好，我會講話哦」，我在想，這卡帶播下去，難道會是，聽鳥說相聲的感覺？五十多年前的唱片行光景，老闆沒有多提，如今走出店門口的客人，手上抱的是一袋一袋，不再是一張一張。

店裡飼料以給雞吃的為大宗，也賣貓狗魚飼料，架上處處寫了「養雞要點」：「出生月內吃小雞（飼料），一個月後吃中雞，兩個月後吃大雞，衛生好、養雞好，養雞發大財」。虎斑貓從飼料袋內鑽出來，打了個哈欠，頭髮花白的老闆娘拍著牠的屁股說，這隻「小花」養了四年，以前養的是狗，馬爾濟「蘇」。牆上都是老闆捧著飼料餵養長大的巨魚照片，門口趴著的小花肥肚，也是店內飼料營養好的保證。

言談中每每提及新市，老闆都以台語「新市仔（Sin-tshī-á）」表示，像是口語化地形容一個新的市鎮。新市東側接壤低海拔坡地，舊台南市區在它的西南方，地方志提及，早期近山區人們前往府城，常在此歇腳，往來人潮讓這裡形成一個新興街市，故被稱作「新市仔」。地名多由口語演變而來，此地頂著「新市」一名過了幾百年，縣市合併後，人將「新市區」解讀為「新的市區」，像是又再一次讓它新了起來。不過，新市已穩穩作為台南市中部一大行政區，實在不需要更新，當務之急，是把大家對「新的市區」的想像壓下來，因此，區公所網頁上一旦寫到「新市區」，後頭還要括號補註「並非指新的市區」，可見提及「新市區」，大家困擾一致。

23

台南鹽水市場

鹽水的常青樹（們）

今天，是鹽水媽祖南巡的第五天，循著古香路，與台南市各區宮廟會香交陪，最後一天返來鹽水，各處都掛上「迎媽祖婆回家」（難免看成媽祖回婆家）的標語大肆慶祝，遊行花車上滿載國小孩童扮的神仙，其中年約九歲的王母娘娘非常慈悲，見人便要發糖果——瞄準了人臉擲去棒棒糖，深怕百姓沒甜頭嚐。

遊行車隊來到可溯自清代的伽藍廟前致意，那是鹽水的中心地帶，近朝琴路、中正路、三福路的Y字型交叉口。三福路，便是鹽水市場所在，巷口攤販坐擁炮仔聲第一排，所有人都搶在這裡，掩著耳朵看辣妹跳手絹舞。這條緊鄰市場的小巷稱「民生街」，名符其實作為民生需求買辦處，臨時攤販之外，是還以早年森永奶粉進口木箱做貨架的老雜貨店，是保有木構門面的晚報辦事處，是那魚丸工廠——店舖寬敞且深得不可思議，卻只擺了一張顯然不再被使用的辦公桌，祝賀大廈落成的誌慶匾額高掛店頭，黑底金字寫著「秋元魚丸工廠」，題字落款年份與今年同為壬寅——六十年前的壬寅。對面賣菜阿桑說，這魚丸工廠關很久囉，「要買魚丸？我這裡有啊。」

•••

相較於還稱得上熱絡的民生街，鹽水公有市場內，空落落地使人不能意識到它是一個市場，只一角有幾個豬肉攤亮著黃燈營業，閒置的攤位間隔柱上還留有小黃牌，以紅墨水寫上編號、承租人姓名，及「什貨」、「漁」、「百貨服飾」等營業類別，不像是攤販走了，更像是名牌做好，正等人來。豬肉攤以外，開業的僅另一頭賣虱目魚粥的，與對面編號五十一的飲食攤。這編號五十一，無店招無菜單，阿姨就在砧板上切熟豬肉和香腸，人走近，她是頭也不抬，畢竟那木製工作桌只比成年男性膝蓋高一點，誰的頭低至此還看得見前方呢？偶爾挺身，腰桿也打不直了。

這攤就吃白飯、香腸、豬頭肉，清湯免費，乾鬆的在來米，在飯鍋裡簡直像一桶沙，阿姨盛飯，撥沙似地剷掉高出碗平的米粒。這飯稱「豬頭飯」，人家說以豬頭高湯炊煮

的米飯「有著豬油香」，但我想攤前這些熟門熟路又熟肉的男子，並不是很在意那豬油香，十三歲到六十歲，拿到飯都先要擠上一圈——再一圈——又一圈甜辣醬，直到成為甜辣醬蓋飯，才用筷子拌勻，配上一片肉吃。僅僅是甜飯與肉的組合，可以吃上三碗，吃上三十年，吃上三代，有米便飽，有肉是福，無所謂講求均衡。

竹凳沿攤頭圍出一角，掌廚人的料理桌亦是客人的餐桌，大漢再如何魁梧，也要駝著身子坐在桌前，等一碗再續的飯和湯；再怎麼粗手粗腳，都要小心捧起那不到手掌大的淺碗，從醬油碟般的小盤夾起肉片——此情此景，是有一種，格格用膳的感覺。看老闆為了配合砧板高度，還要端來一張凳子坐著切肉，想他都第三代了，怎麼就不換個高一點的桌子呢？卻也給那樣老派的畫面吸住了，畢竟附近老住戶都說：「他爸爸那個時候的飯攤，就是這麼矮，老闆端碗給客人，都要彎腰啊。」

市場正門一側，「新秋元布店」內，老闆夫婦坐在桌前看電視，兩人靠得近，像巢裡兩隻鳥，見我們在門口探頭探腦，也一上一下輪番起身招呼，好似看見媽媽叼了蟲子回巢。說到這裡，諸位是否感覺「秋元」兩字，有點耳熟？「魚丸工廠是我家啊，秋元是我阿公啦。」是的諸位！「秋元魚丸工廠」由老闆娘的爺爺起家，自小在工廠幫忙的兒子們，成家後各自立業，大哥的店是「秋元布莊」，老闆娘的爸爸開了這「新秋元布店」，另一位做的是五金生意，不過殊途同歸，「秋元五金行」。

民國六十多年開的布店，有張被碰得光滑的木桌，用來裁布，也當寫字桌，早期人有婚嫁，親戚總要來布店買一幅大紅色綢緞被面做賀禮，上頭的賀詞，自然由布店負責。老闆抽起桌側竹管內的毛筆，模擬寫喜幛的樣子，「花好月圓 新婚祝喜 母舅×××賀」，「今年都快過完了，只寫了兩個。」當然不是因為沒什麼人結婚。

夫妻倆搶著發言，像小鳥啁啾，不過白頭公鳥氣勢不敵黑冠母鳥，偶爾趁隙啾啾幾聲，便沒了下文。在這對鶼鰈的回憶裡，日治時期的鹽水，有頂頭、下頭兩市各據南北，鹽水公有市場，便是原來的「頂頭市」，早期的木造市場熱鬧得緊，小吃何止豬頭飯，「還有豆簽羹碗粿意麵滷肉飯魚湯。」公鳥趁勢連珠炮插話。近三十年前整修成了磁磚貼皮大樓，各攤位坪數比過去小太多，大家便不怎麼願意回到這裡來了。老闆娘說，今天的市場，比平常人多了一點，「都來借廁所的。」是啊，今日遊行隊伍中，各廟扛轎人絡繹不絕相約來上廁所，市場的生氣，因媽祖婆回家而稍稍蓬勃起來，只是來吃碗豬頭飯的國中男孩，都少不了被問一聲：「少年仔，怎麼沒去扛轎？」

在做衣服得靠手工的年代，鹽水布莊有十來間，大家時興為自家櫥窗內的模特兒披上成塊布料，腰間別幾針，仿擬一套剪裁大方的禮服。現在的鹽水，布店兩三間，全改賣寢具，過去得應付客人到晚上，今天老闆娘打算過中午，就收了店去包兩份意麵回家休息，否則，「浪費我時間。」

提到意麵，老闆娘首推自己煮的那碗，其他總有些毛病可挑：麵條太厚、肉片沒有、蒜泥不夠。她花了好一段時間，與我詳述某間意麵店是要過哪條路、在哪左轉、進哪條巷的哪個出口右手邊，方能抵達，總算確認了位置而我在地圖上加了星號，「那間難吃，爛糊糊。」鹽水路邊凡小吃店皆提供意麵一項，不過多數外地人吃的，也只是集中在鬧區的阿三、阿桐、阿香、阿妙等「阿」字輩名店，老闆娘看著觀光客我倆，沉吟半晌：「妳們去吃阿枝（ki）意麵，阿桐的妹妹，阿枝。」

打開地圖，阿枝阿枝找了半天，只有「阿枝の鍋燒意麵」，哪來阿枝意麵？直到地圖上出現了一家「阿姬意麵」，我才明白——沒有阿枝（ki），只有阿姬（ki）。

走向「阿姬」的路上，行經中正路，抬頭一看，「秋元布莊」。前行不到一百公尺，「秋元五金行」。

秋元啊，願你和百年媽祖一樣，成為鹽水的常青樹。

24

台東關山市場

【關山公有零售停車格】

兩米見方的停車格也不大，卻容得下七人，空間都給椅子佔去，「照片不要拍到這個飲料欸！」金牌台啤藏在秤子後頭，塑膠杯添了又空，正要遞來一杯，大姐忽然收手：「等一下，妳出社會了沒？」她們自稱「孤獨老人」，或許各自回家後真是，但彼此手抵肘鬧成一團的此刻，實在很沒有說服力。

攤上多野菜，那把我認知的「山萵苣」，在眾人口中是「搔媽（Sama）。」「搔媽勿啦。」「就是那個搔巫媽。」——「嗳我不是很清楚啦，我沒那麼老。」Sama 如何料理？「煮湯啊，早上去撿蝸牛，一起煮湯。」那輪胎茄呢？鄰座阿伯推薦「燙過沾醬油」，「呸不能沾醬油！會破壞味道，煮湯！」大姐自台北工作休假返來，說是幫姐姐顧菜攤，但

她更像一場地方脫口秀主持人，每吐三句必帶一哏，若無人捧場，就仿照日本綜藝節目，自個「ㄏㄟˊ」一聲帶過。她拾起Sama甩了甩，說過去在山上，放眼所及，「那個可以吃，那個也可以吃。」此番發言獲在場所有孤獨老人附議，以此，她們得出結論：「原住民，不會餓。」

對面攤的阿姨，輪廓深幾許，加以全妝——可能是關山瑪丹娜。她多賣醃漬品與菜乾，儼然市場儲存食擔當，膨白大朵的花椰菜枯黃皺縮，直而胖的長豆發黑蜷曲，種種木乃伊，在瑪丹娜心中都有個時間表：長豆要曝四天、花椰菜得曬兩週、小辣椒醃兩個月差不多、梅乾菜放兩年起跳，至於蘿蔔乾——忘記醃多久了。屯糧至上，即使有冰箱，也要曬成乾。

問長豆乾如何料理？「煮湯。」

花椰菜乾呢？「煮湯啊。」

煮湯，就是關山教我的事。

賣發糕甜粄的大叔，推薦我吃隔壁的「粢粑」，說他小時候吃的，和那差不多。大叔口中的粢粑，是我眼裡的麻糬，是阿姨手上正分裝的「Tolon」，說起糯米飯如何搗成Tolon，阿姨認為用台語形容才精確：「愛用舂的、磨的、摃的、捶的*。」自搗Tolon，留有米粒的粗糙，韌度恰好，不需久嚼，和花生糖粉溶在嘴裡的時間差不久，嚥下的每一口，都香且甜。阿美族語的「Tolon」，音似「堵論」，阿姨說，堵論的「堵」，是讀書的「堵」。

註*要用搗的、磨的、打的、捶的。

三年之後，原來停車格小販的位置成了一列貨櫃屋，賣起魚肉菜。

市場耐震補強工程，鬆鑼散鼓進行中，裡頭的生鮮攤位全數進駐外頭臨時貨櫃屋，原來在室內參差錯落的攤販，此時一概位在同排，經濟聚集，生意疑似更好了。賣豬肉的老闆十幾年來第一次到外頭擺攤，感覺那空氣好、視線闊、人潮多，「我希望市場蓋越慢越好。」他小聲許願，不敢給人聽見。不過我想老闆是冬天過得太幸福，忘了他甫歷劫歸來的夏天。工程起自前一年的清明節後，日日豔陽當空照，貨櫃屋頂根本擋不了，攤家紛紛掛上黑網、飼料袋，守著陽光守著肉，結果就是人中暑，說好的六個月工期，至今來到第十二個月，週年不快樂。而那些原來就在戶外的流動菜攤，給自場內遷出的攤販整整向後擠了一排，兩方隔起一道貨櫃鐵皮牆，背對背營生，和過去一樣日繳三十塊的停車格租用費，昔日是向著市場開張，如今眼前只有停車場與三棵樹，同樣在戶外，生意也不見得同樣順風順水，一道鐵皮，兩樣情。

「堵論」阿姨居然還在。口罩下的臉瘦了，堵論依然白胖飽滿，如今它們都由甫自外地回到關山的兒子製作，他在家裡「沒事就打堵論——啊常常沒事。」三年不見，阿姨盯著我論斷：「下次妳再來，差不多都嫁人了，記得帶小孩來吃堵論啊。」她知道我下次到台東，一定又是很久以後了，觀光客都這樣。

•••

攤子對面的樹下，有老人獨坐，鬚髮皆白，他眼裡看見的，除了堵論阿姨，還有隔壁的賣菜發財車、再過去一點的呼朋引伴挑菜飲酒合併攤，視線末端，他可以看見天后宮的牌樓。關山天后宮，正對整個市場，廟埕區也有小販租了，印尼看護騎著三輪車載阿嬤進來挑衣服。作為米鄉關山的廟，過去廟埕還免費給人曬穀，不過整修後，地板改鋪連鎖磚，縫隙天多，米是不能鋪地曬了。

「廟口有婆婆賣豆花，自己從黃豆開始做。」事後關山友人如是說。當時我看廟旁，是有張辦公桌沒錯，不過只有五人圍坐飲維士比，吃那兩菜三肉，「對，那是她們的餐桌。」才想起「餐桌」旁的確還有個攤車，不過前方給機車擋住，上頭遮陽的，還僅是個陽春波浪板，和餐桌上方的高級陽傘徹底不能相比。豆花攤沒一塊招牌，有人要買，婆婆才會離開聚會桌為人舀上一杯，買的多是知情的本地人，只有我等觀光客，會因為沒吃到豆花而痛心疾首、怪人家沒招牌。婆婆的兒與媳，明白她藉豆花之名行聊天之實的心意，就這麼每天助她把攤車推進推出的，日日聊天，也是聊出了一個境界，據聞，選舉期間，豆花攤是候選人必拜之碼頭，那辦公桌的社交力量，不可以小覷。

耐震補強，補的只有生鮮區，市場另一邊的衣飾小吃雜貨店還在裡頭，老牌餅鋪內，大姐手搓酥油麵糰，好笑地說明明沒向外搬，但大家看市場空落落，以為餅鋪也收了。餅鋪斜對角店面沒了人，上一回來時，那裡可是鋪天蓋地掛上花裙，阿桑一口氣租下兩個鋪位，說自己抱著「我喜歡，覺得您也會喜歡」的選物熱忱，自萬華批衣服回來賣，不過當時我望著這劈頭蓋臉而來的囤貨量，心想阿桑喜歡的，可能比您喜歡的還要多，更多。施工中的生鮮區幽暗破敗，想起那時，其中一個空攤子被佈置得像公共廚房，瓦斯爐、炒鍋、調味品俱全，不時有人來添一碗紅棗枸杞燉豬肚，端回五公尺外的魚攤上享用。魚攤那天不賣魚，吧檯長桌上擺盆黃金葛，凳子拉過來，配茶、配酒、配朋友，才八點就鬆得像下班後的居酒屋。不必等到下班後，快樂要趁早上，趁，市場整修前。

據關山友人說，原初並沒有市場這棟建築，只在三百公尺外，有個現為桌球館的室內攤販集中場，當時亦是為了整修空間，將攤販安置於現址戶外停車場區，關山市場，是日後才建起的，「結果，哈，哈，現在又搬出來戶外。」時光暫時倒流。

「喔對了，妳們有沒有遇到Michael？我們關山一個很有名的流浪漢，他都講英文。」

我想起停車場樹下那個老人，「是不是一個鬍子很白很長、有點帥的？」

「嘿對，那就是Michael。」

25

花蓮鳳林光復路街販

Stuck on 光復路

說要去鳳林第一市場，卻是還沒走到那，就讓光復路上的菜販絆住了。

那是一條樹冠連綿的路，樹葉和底下攤位上的菜葉，分別在高低兩處連成一線，綠叢叢兩線之間，是著各色上衣——紫紅色居多——的賣菜人，鋪塊墊子席地而賣，來客無論騎車或步行，一律得蹲下選購。

賣菜人們，起床尚未感覺到餓時，就要到路邊卡位。直到七點，阿婆才在小凳上坐得直挺，一臉莊嚴吃著自己準備的早餐便當，本日鐵飯盒內容：炒紅鳳菜和自製酸菜配白飯，炒菜種類依田裡季節產出而異，客家酸菜與白飯，經年不變。阿婆的攤位寬敞，兩棵行道樹之間的寬度，四米有餘，問她固定在這兩棵樹

間擺嗎？「對，擺久就有。」光復路上的土地使用權，要用時間來取得，至於擺了多久才坐到這個位置？「傅崑萁……現在徐榛蔚，八年囉。」用花蓮縣長任期來推算時間，阿婆，恁慶欸*！

比鄰賣菜的阿婆們，常也是一同栽菜的夥伴，那塊耕種地也不是誰家的菜園，則田地何來？「去找還沒把地賣掉蓋房子的人，租給我們種。」整條路上唯一有賣蛋的大姐，攤前蹲的人一個輪過一個，一次只能蹲一個，因為那所謂攤子，不過是大姐坐在樹頭上，前面擺了塊三十公分見方的布墊著蛋盒罷，要多放一袋自栽百香果也不夠，只能於旁邊老太太的米袋上寄賣。剛說了，從傅崑萁擺到徐榛蔚，才保證有位，何況大姐才擺六個月？養雞七年，從五十隻雞二十顆蛋，到一千隻雞三百顆蛋，每一天，大姐都要像復活節找彩蛋，在開闊的農場地四處尋卵，「乖的雞會在雞窩生，不乖的雞會在草叢裡下蛋，跟人一樣。」呃，人怎樣？不乖的到處下蛋？

買走最後一盒蛋的，是從台北來鳳林準備鄉居一個月的大哥，他

註*客語：很厲害喔！

的腳踏車上，已經吊了一大袋玉米，才又掛上雞蛋，「會破去！會破去！」旁邊三個阿姨就激動地要他換個位置掛，才來第一天，不認識的人就要管他雞蛋放哪裡，在台北？管他的。

•••

光復路種樹的一側，七點半就好熱絡，甚至有攤販已完售準備回家，對向路邊一扇鐵門還未開，只有虎斑貓坐在前頭喲喲叫，阿婆蹣跚走來，貓立刻跟過去門邊等她開，「怎喵現在才來呀？」我聽見貓說。擺出幾顆大白菜，貓就坐鎮白菜後顧著，有客人上門要蔥，貓搶先阿婆衝進店裡，在冰箱前撐起身子裝忙，等貨都擺出來了，貓立刻癱軟在空菜籃上，開攤完成，始得磨下巴。阿婆說，當初的小小貓，是跟著奶瓶奶粉一起送來的，長大後，現在每天晚上不曉得去哪兒睡，但早上會準時來開店，打工換食，也有十一年了。

另一道鐵門前的魚攤，上方門聯橫批「魚兒幫水水幫魚」，低頭刮魚鱗的老闆，那捲髮那鬍子那鼻梁，鳳林阿部寬是也，他回頭瞧了一眼下聯，自己也笑了，「年連有魚連年魚，好難唸！」路邊這四戶的春聯，都出自街角水果店老闆娘的爸爸，「他每天都——在想這個。」闆娘一臉拿爸沒輒。可能真如她所說，為了每年的春聯，爸爸都要「想一年」，因為那些詞句，絲毫不落公版，「慢城純樸客家庄」、「安祥幸福自然來」，完全衝著鳳林來，又仗著是自家店面，水果店的每一根柱子都要擠上兩聯，「西瓜柿子來趕集」、「蘋果香蕉葡萄串」，嘴邊口語，居然給寫在門面上預備貼一年，店內也兼賣零食，於是「餅香糖甜蜜餞讚，純正傳統古早味，兒童長者都喜歡」，整間店，都是爸爸的文學實踐場。

小發財車停在水果店對面，乒乒乓乓開攤中，「全世界都去台北，只有我在花蓮——」老闆家當出奇多，和路人聊天，還要撥空唱歌，攤子後旗幟已經插好，比臉大的「蓮藕」兩字落在蓮葉上，旁生蓮花與蓮蓬，最上頭有「阿爸的」三字，賣的卻不是爸爸的蓮藕，「阿爸就是老天，天，就是我的師父。」老闆說話，手不停歇，他正創造

一個世界，沒人能讓他慢下來。又攤開一疋布，大紅字寫上「蓮藕祈安」，兩旁字串，細瞧都稱清楚，「蓮藕含藏身心靈美意，那一份清心祈候大家健康」，遠看，飛揚的筆尾拂動變形，說是一頁梵文祝禱詞，我也信。速寫了芋頭和蕗蕎的布條上，也附著吉祥話，我都要感覺這些作物，只是老闆傳遞祝福的媒介。「看我升旗！」他將蕗蕎布塊升上鐵桿，唱起國歌，哪一國？他自己的國。老闆作畫，筆隨意走，乘興而書，興盡而止；老闆說話，也隨意念漂泊，我哪跟得上他敘事如氣流？對於我的駑鈍，他也不上心，他是河，自顧自的流。

老闆並不總是在鳳林擺攤，「長長的花蓮，誰生病，我就去哪裡。」開著他的濟世發財車。正說著，有橘子從路上高速行進中的機車踏墊滾落，老闆一個箭步，在整群幫拾的賣菜阿婆中，像個矯捷男孩，「尼為什麼咬騎拿麼——慢呢？」他唱歌似地問那車主，回頭自個兒碎念：「她以為她十八歲呀？嗳，十八姑娘一朵花呀一朵花——」白髮老嫗路過，停下來聽歌，他翹著蓮花指起舞，要讓婆婆看得開心。老闆和所有人相處，都和面對自己的每一刻同樣真率，像有股氣托著他活在這個世界上，清朗明澈。

臨走前，老闆拋來最終一問：「人死後去哪裡？」不等回答，自己手一拍，「嗨呀，先問自己從哪裡來。」

我們離開了，老闆還在他的世界裡，對著鳳林的天空大喊：「祈康祈道，養生最棒！」笑得像是個小孩子，很多人到了這個年紀，已經不會這樣笑了。

一轉身，夥伴立刻壓低聲音：「欸，我們是不是遇到神仙啊？」

「好像是。」

26

台東鯉魚山市場

【山腳俱樂部】

「今天是要去旗魚山市場嗎？」

我對夥伴心灰意冷。

旗魚山？我還旗魚鬆。

台東日照艷艷，透過樹冠落在地上、傘上、人身上，點點光斑，似水面波光粼粼，鯉魚山腳成了鯉魚潭。樹木不足以蔽蔭，日頭澆得傘花開，而晨間陽光是斜的穿刺，大傘四周要再夾上幾塊花布，嫌麻煩，乾脆將傘斜放，清晨四點到九點，陽傘擺放位置得依日光照射角度時時調動，露天市場，有著小格局的動盪。

標高七十五公尺的鯉魚山山腳，是「台東縣老人會」會館所在，攤商們聯合承租前方廣場地做生意，「日租四十，月租五百。」賣玉米的阿伯說。一株玉米只收最飽滿的一穗，收完可整株砍去，阿伯將砍下的三束帶葉含穗玉米株

綁在車邊，作為新鮮的表示，宣傳不費錢。

鯉魚山市集擺攤，首先要克服日曬，而賣菜人都不坐在傘正下方，畢竟斜射，陰影落在後方。遮陽大法百種，無傘之人就得搶佔樹蔭密集處，不過清晨開攤時處處皆陰涼，常是你以為在蔭下，七點不到，腋下就出汗，如何在天濛亮時判定一塊地是否恆久有蔽蔭，那是要考驗擺攤資深度。不搶樹下，就搶紀念碑吧，小小廣場上碑就有兩塊，其中「台東縣老人會」成立紀念碑可搶手了，立在正東方，還給打上鐵釘方便掛外套，碑文以紅字刻上「為感念……七十四年於環境優雅鯉魚山麓興建……長壽俱樂部……年老者有正當娛樂之所……特撰銘以誌之」，密密麻麻六百字，總之，這塊碑的重點是下方一行手寫紅字——

「內有早市場，請勿停車」。

四周沒了高樓蔽住，一個菜市場該有的顏色，就這麼晾在台東總是的晴空下，那是陽傘的紅藍綠、葉菜的紫青白、根莖類的黃褐灰、果物的粉和橘，還有眾人披在身上的彩色塊動起來，像是誰按下了旋轉派對燈開關。攤販大抵是沿公園周邊擺賣，中央地廣，不設格線，大家齒輪似的相嵌結成一區，那也搞不清楚這用書法字寫的「馬冬美豆」、「菊苣富含葉黃素炒蛋好滋味」菜攤屬誰，也不明白那依熟度由青排至黃的香蕉色階表由誰設計，好容易找到了顧攤人，問一斤多少，那人又說：「我不是老闆啦，我來聊天的。」

樹下賣菜的阿姨，和樹上松鼠維持著一段儀式性的關係，每日松鼠自枝頭爬下，阿姨遞給牠半根香蕉，松鼠就這麼倒頭栽貼在樹幹上，啃完半根蕉才返樹頂。松鼠吃蕉時，左右鄰攤拋下生意圍觀議論：「啊啊啊掉下去了！」「抓緊哪。」腳邊蹭來臘腸狗一隻，「小三八！小三八來！」阿公隨後跟上，「坐下、握手、看鏡頭！很乖。」松鼠與小三八擁有的，是愛的兩種樣貌。

我感覺朝氣蓬勃的九點鐘，是鯉魚山市集的暮色黃昏，「九點開始收，十點要離

開。」貨車和機車接連駛進廣場，菜籃扛了、米袋掀了就堆上車，風風火火，前一刻撒滿地的玉米葉、鳳梨頭和筍殼，此刻灰飛煙滅。四點鐘的結市地，六小時後復原如常，像沒市發生。

晨光無限好，只是近中午。

老人會紀念碑前，阿嬤賣我晚崙西亞橙收攤價，一斤二十元，右前方的「台東縣中日友好親善和平紀念碑」旁，樹蔭越來越小塊，賣芋槐的在日光迫近下速速收攤走人。除了這兩塊碑，後方鯉魚山步道區，可還紀念著清朝直隸州州官、首任民選縣長、故立法委員，這座小山，除了每日早晨市事，也負載了好多永久的感懷。

或許有一天山腳下的市集不再，也該立一塊紀念碑，「環境優雅鯉魚山麓，每朝皆有賣菜俱樂部，為感念其為眾人之貢獻，特撰銘以誌之」。

27

花蓮重慶市場

【別問愛從哪裡來】

蘇芮跟著感覺走，我跟著拉菜車的阿嬷走，讓她帶著我，希望市場就在不遠處等著我，嗚哦嗚。

阿嬷說她要去重慶市場，菜車拉著拉著來到東大門夜市前，白天裡頭沒攤位，前面倒有小販戮力將馬路兩側排滿，這裡是由兩百公尺外的重慶市場延伸過來的流動攤販聚集處。沿重慶路走向市場，路邊十五層樓豪華景觀宅之鷹架拔地而起，前頭有人鋪了帆布在地上賣魚，人站起來，都不及身後圍起工地的鐵皮牆高，旁邊重慶市場只兩層樓，便以華麗與之相拼。一百零四年整修完成的市場，門面巨幅印上如 LV 老花圖騰的彩色紋飾，只要褲袋裡有幾個錢，人人都能進到路易威登花蓮店血拼。

重慶市場佔地廣，加以攤位不分類型混雜設置，走著就遇上阿伯碎念：「買肉要比價還要繞去另一邊，乾脆買貴的算了我。」是的阿伯，你最好多花一點錢，繞路比價，確實不明智，畢竟市場裡左賣絲襪右賣山藥，前賣壽桃後賣鬼頭刀，這麼一繞路，恐怕連原本的價格都忘了是多少。

…

走道邊有個約莫兩歲的女孩，金髮藍眼，著珍珠繡花白紗裙，側舉頭望天，市場燈管將她的眼珠和額頭映得亮亮，她就這麼和幾件女裝外套一塊被擺在檯面上，嘴角微微上揚。

「很可愛齁？」大姐嘆道。

店內都是成人女裝，沒賣一件童裝，但這位洋人小妹卻是唯一的模特兒。大姐將走道兩側的攤位都租下，靠外一側幾乎是小妹專屬，在另一頭顧店的大姐，轉身就能看見她，「她那麼純真，看了就很療癒。」今日氣溫正好高，讓純真小妹穿個無袖小禮服出來見見世面，「天冷就會搬進去，給她圍圍巾。」好在小妹生得俏，否則立在那走道邊，眾人豈不嚇到？

大姐今日行頭，是短版黑毛衣搭配芥黃A字裙，足踏尖頭高跟鞋，在走道間蹬得俐俐落落，實在好看。她說，妳們年輕人旅行真好，真自由——話又止住，轉而分享起能促進「正向思考」的方法，總感覺過去有些什麼，是她極力想擺脫的，那也幸虧她十分明白如何讓自己過得開心，比如每天穿得非常好看，比如，好好對待那位療癒人的小妹。準備告辭，大姐相贈一斤重的古早味蛋糕，說給人正能量，是對自己最好的回饋。

於是我們打算將蛋糕轉送給另一位賣水餃的姐姐，給她一些正熱量。和台灣人結婚以前，姐姐在柬埔寨從沒吃過水餃這東西，不過她現在包起水餃嘛，褶子是褶子，餡是餡，「我之前在八方雲集工作，偷學，呵呵。」這十六年，她在花蓮要煮上幾道家鄉菜並不難，重慶市場裡的阿美族人菜攤上，「有很多柬埔寨的菜！」缺了什麼，泰國和越

南人的菜攤上也有。和她在同一條走道上擺賣的，多為原住民和新住民，不似市場內多數攤位設有壓克力板印刷招牌，這裡頂多掛上紙板，手寫「阿慈野菜」、「阿英現打の蝸牛唷」，還有一攤寫著「嗨呦休息站」，使人困惑其經營業務為何。「阿慈野菜」攤前站滿了人，等阿慈為大家杯裡的保力達添點水，早上七點不到，先別純飲為妙，眾人舉杯：「還沒喝不能工作！」乾杯開喝，各自開工。

小吃多位在市場第三道，與無店招菜攤面對面，老太太隔空叫了一碗肉臊麵，揀著火蔥的雙手不停。火蔥鱗莖不過一個指頭大，狀似迷你洋蔥，出土得一一拾起，碎皮得一一拂去，細緻如手工藝，阿美族語稱之「Kenaw」，意為「玻璃珠」。小而帶勁的火蔥，老太太說得用醋「給它醃」，生食太過嗆辣，不過肉臊乾麵送來時，她丟三顆入口，配麵吃了。

隔壁阿姨蹙著眉頭削箭筍，旁邊籃裝幾枝條的花，每枝花序密集，四十多個花苞，只有最外圈綻出橙紅色的淺浪狀花瓣。都說這攤野菜賣得多，則此花該如何料理？「不能煮。」「看漂亮的。」阿姨口中的「火龍花」，即將漸次盛開，一枝賣爬樹勞動費三十塊，買下一枝，想著待會送給當地朋友，豈不浪漫？兒子來探班，才坐下就直指攤上一堆黃藤心，「藤，是我們的童年。」嘴裡吃的童年，屁股挨的童年，說到藤條，阿姨提起女兒小時候，有天哭著從學校回來：「媽媽，老師用豬圈打我！」女兒還小，台語發音不標準，tîn-tiâu（藤條）說成 ti-tiâu（豬圈），「被豬圈打！」過了三十幾年，阿姨還是笑到檳榔從嘴裡掉出來，孩子出的糗，媽媽糗一生。

說完女兒，阿姨又極力推薦兒子開的餐廳，「店名叫做『部落美男子』。」——好吧。兩人即使同住，兒子早上離家開店前，還是要先到市場找媽媽抽根菸、喝罐蠻牛，否則晚上回家媽媽已就寢，見不到面就愁了。「他來司奶（sai-nai，撒嬌）的啦。」兒子叼著菸笑了，為媽媽也點上一根。被問到「你們從哪裡來？」母子齊答：「風從哪裡來！」本來浪漫地以為是，風從哪裡來，他們就從哪裡來——是我多心了，這對母子只是同時想到鄧麗君的歌〈風從哪裡來〉，兩人相視，眼神擊掌。

兒子開店去了，母親復拾起箭筍，嘴裡哼著：「愛像一陣風——別問愛從哪裡來，風從哪裡來——」。

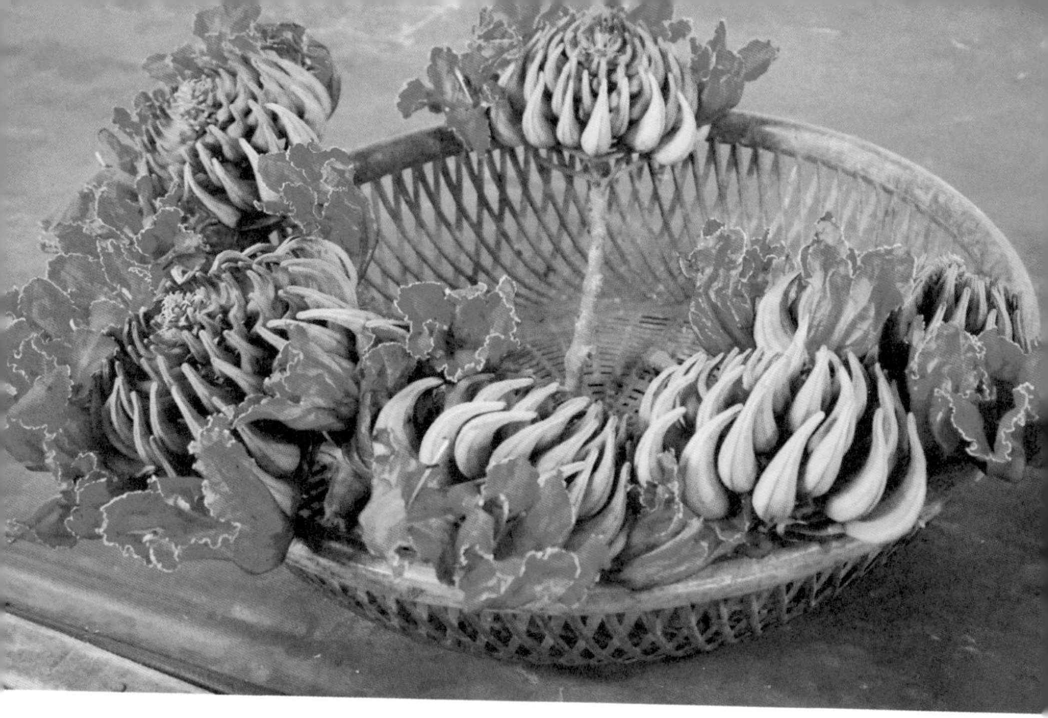

提著所謂「火龍花」走出市場，門口有保全，專管機車違停、街販違設，這大塊頭阿哥揹手望向遠方的樣子，煞是俊逸，只不過風起時，背心衣領掀起，上頭「保全」字樣被部分遮蔽，成了「呆全」。

提著花走過花岡山田徑場，走過美崙濱海公園，上了緩坡，來到朋友工作處，花已綻開五朵，願存餘的四十顆花苞，在朋友家中一一盛放。

隔日，朋友傳來花卉百科上的資訊：「火焰木，花在晚上開放，並發出狐臭般的難聞氣味。」

呃，抱歉了，我的朋友。

28

台東馬蘭市場

【有空再來，沒空要來】

過來人告誡，馬蘭市場得早去。預約了隔日早上六點的計程車，司機拜託再拜託：「不能晚一點嗎？」

第二回再到馬蘭市場，放過自己，六點二十出門，夥伴說拜託有差嗎？我說有，清晨的時候，多躺一分鐘都是救贖。

我在那斤斤計較，鐵皮早餐屋內的大姐，四點十五就抵達市場，帶著她四點前在家裡煮好的紅茶和肉羹——所以大姐到底幾點起床？「一點半。」好熟悉的數字，不就是我昨天的睡覺時間嗎？粉漿蛋餅五點半就有得吃，這還算晚了，十年前接下攤子的時候，人吃得更早，五點未到，就要餵養附近高工的學生，還要一路伴著市場攤販及買菜客到中午。大姐說

今天九點就不打麵糊了，畢竟平日的市場，有時八點就沒人，近幾年的每天，最後一桶麵糊該何時打，都是選擇。開始這小吃生意的婆婆，做了四十年，才問大姐願不願意接手，她說有個男子，從國中吃到五十歲，「我要是沒接他就吃不到了。」這一接手，何等隆重。

早餐屋旁鐵皮牆上，其中一張資金周轉廣告單，只剩被「馬蘭店住售五百萬」蓋住的那一角尚未泛白，又再覆上一張歪斜的「日仔會簡單借輕鬆還」，撥款對象：八大、攤販、粗工——以體恤之名。

•••

露天菜販倚牆生起，有位太太急急走來，要了攤上每種野菜各五十塊好做水餃，她問這袋鋸齒緣葉片的青菜為何？攤販們倒是忘了，一個問一個到四公尺之外，才獲得「Aluma」一解，這群小販串連自成互助會，有問題就大聲喊，另一頭肯定有人答。頭戴仿GUCCI鴨舌帽的阿姐，自詡為阿美族語翻譯官，示意大家別嚷：「這個中文叫做『小葉非禮』菜。」——事後一查，還真叫做「小葉灰藋」。另一把菜，她說是「葉下紅」，發音不準之事，我見多了，回家後自主更正，輸入了「月下紅」卻無搜尋結果，才發現紫背草葉背呈紫紅色，真有俗名叫做「葉下紅」。

太太打算包入餃子內的，還有龍葵，「Tatukem，大頭根。」翻譯官表示，以及野莧菜，「Kalipang，咖哩幫幫。」——翻譯愈來愈可疑。攤上保存食也賣得多，這罐醃魚，魚是兒子釣的，媽媽把牠醃了，「煮湯加一條，魚可以不用吃，湯很——好喝。」肯定是極好喝，否則不至於激動到破音。「那個叫『機掰魚』。」翻譯官自另一頭發言，「很多刺，很機掰。」

一人顧一攤的基礎販賣單位，在這道鐵皮牆前並不明顯，桌子旁總是圍著太多人，要買個菜，常不曉得主人是誰，翻譯官阿姐於焉開啟浩大解釋工程：「這個比我屁股大的南瓜，主人是她；那個辣椒，是他醃的；小米是這個人種的；牛皮菜是我的，隔壁的隔壁那把蔥也是我的。」「我的菜本來放在這裡，但是喝酒最大，菜放到旁邊。」她面前那張印著ㄅㄆㄇ123的兒童折疊桌，放上一鍋湯，幾個碗和塑膠杯，桌底有三支維士比空瓶，「湯的主人在這裡，保力達的主人在那裡。」湯的主人是個越南華僑，保力達的主人是客家人，坐在那滑手機的是漢人，「我們這裡是聯合國。」聯合國永續發展目標，就是當阿姐高呼「早安杯！」大家便舉杯乾了補血用的保力達。阿姐說，如果警察來，她必須跟警察堅持：「給我一瓶，再抓我。」

上門寒暄的，都要比客人多，住附近的大哥帶孫子來晃晃，嘴角有個傷口，阿姐表達關心：「你被老婆親到流血啦？」使他不得不回嘴：「妳親的啦！」才睡醒，就被逼著精神起來。聽大家正談論某小姐未出嫁，大哥插上一嘴：「誰還沒嫁？我還沒結婚。」

「你有孫子了你。」

「我今年還沒結婚啊。」

聚集最多人的，大抵是這位被旁邊叔叔捧為「馬蘭第一美女」的大姐之菜攤，這稱號她不怎麼喜歡，「菜市場之花」倒是可以，還自行簡稱為「場花」。場花賣菜二十年，位置漸漸固定在電線桿旁，這裡正好有個變電箱台階，方便眾人倚靠歇坐，過去露天攤販擺的範圍很廣，不似現在一攤獨大，四處都有小小的群聚，「不過很多人都 mapatay 了。」過世了。

菜攤正對成排三層樓住宅，其中一戶門口旁便是市場入口，讓兩頂陽傘一左一右包夾著。附近住宅區的上班族，都會早起來買菜，方便晚上回家煮，尤其每逢過年，人都擠不過入口通道，還沒進市場，門庭就已經若市——大概二十年前是這樣子的。「阿不就幸好小孩已經長大，不然現在賺的錢哪夠他們讀書？」芭樂阿姨拍腿大笑，旁邊賣菜阿姨頷首表同意，她的菜攤從二十年前的一整排，縮減成目前的半個床架小。

芭樂姨頭髮自然卷，一角翹得尖尖，原子小金剛似的，肩上斜背家鄉名品——都蘭國中書包。每天從東河載四十幾顆芭樂過來，機車程最快也要一小時，如果不像原子小金剛腳

上有火箭發動機，誰願意這樣跑啊！但阿姨說「我願意」，畢竟馬蘭市場過去的人潮，實在太——驚人了。對面菜販此時迸出一陣大笑，芭樂姨跟著笑了，她說上一次和阿美族人有交集，已經是小時候的事，那時班上原漢兩方涇渭分明，跳舞時若要牽手，一定要透過小樹枝，以免懷孕。七十歲了，雙方擺攤隔的是比樹枝再寬幾倍的街，兒時偏見是沒有了，只有羨慕她們每一次舉起「早安杯」的時候，都像是忘了今天生意很差。

市場沒人，又不想就此放棄做生意，還有一條出路。前陣子，芭樂姨棄守馬蘭市場，到台東中央市場旁的正氣路上擺攤，那裡攤租一天要五十，這裡一千一個月，但可能不消一日，就能賺回價差五百。芭樂姨離開了，賣菜阿姨是有點無聊，不過算了，「老歲仔工，加減仔做，較袂老人癡呆*。」市場入口只剩一朵傘花開著。

住宅後方包藏了一棟挑高的市場，兩度造訪，事隔三年，場景依舊——雞一攤，魚一攤，豬一攤，菜一攤，小吃一攤，滷味一攤。當攤位少到極限、少到各類別都只剩一個代表，就暫時不會再減少，攤販使命感被迫升起：「愛一直做，無法度老**。」安頓蛤仔吐沙後，賣魚阿嬤開始洗菜切菜，說待會回家煮比較快。五點到十一點，一天做六小時就好，以前魚進得多，兩三點就得來，擺到下午一點，客人才肯放她走，說那時景氣好，市場方鼓勵大家以不鏽鋼取代原本磚頭砌的攤檯，結果換好沒有多久，檯子被扛走，櫃子門給拔走，「我很氣，不過想說人家要就給他吧。」這樣豪氣的發言，只有市場風華絕代時說得出口。過去同一排賣海鮮的就有十來個，對面豬肉攤亦然，阿嬤認為市場之所以凋敝，是附近家樂福開張的緣故。

我說阿嬤，您不要針對家樂福啊，全聯台東旗艦店，今年也開了喔。

借貸廣告單像外來種爬藤植物，市場內所有柱子，都給纏上了。

註*老人幹的活，多少做一點，比較不會老人癡呆。
註**要一直做，沒辦法老。

市場太空曠，角落小吃攤趁勢崛起，鍋爐檯、自助取菜桌、置物架能一字排開，內用桌椅大可鬆鬆散散地放，另外闢出飲茶休閒區，老闆與兩位剛吃飽的熟客在裡頭挑菜聊是非。這小吃攤自別人手中接下有四十年，以往攤位當然沒法擺這麼闊，畢竟後方還有個麵包店——店名「正珍香」還漆在鐵門上方，但，「人沒有了。」小吃攤老闆說。正在顧爐子的是她的媳婦，作為馬蘭市場裡裡外外最年輕的一位，見到我們，就像在瀕危動物群發現新生幼孺，臉上是非常驚喜。她正手撕筍絲，要剝細一點、煮爛一點，來吃飯的人都老了。

有人來出入口通道上的水果攤買柳橙汁，這位顧客過去也是攤販，在對街兩棵樹之間擺賣，二〇一六年，尼伯特颱風將兩棵樹刮倒，

順帶把她繼續做生意的動力吹走了，她說自己「從年輕賣給市場賣到老」，阮的一生獻予市場，才知幸福是吵吵鬧鬧——孔鏘老師，江蕙〈家後〉音樂下。

又回到市場邊小道上，早餐店已收手不打蛋餅麵糊，與之相鄰的鐵皮小屋內，阿姨正清點一箱箱蔬菜，在表格填上菜名與今日價格，那是附近居民請她選菜裝填、準備寄給高雄親友的東部蔬菜箱，與其說是個菜攤，這裡還更像個物流中心，為大家出貨一箱情願。轎車開來，小哥下車買了袋蒜頭，阿姨找錢的同時，也塞了兩粒檳榔到他手心。老友經過，阿姨招呼：「喂，失業了喔？」對方配合演出：「對啊，沒工作了。」

「那來我這裡工作啊！負責喝酒就好了。」

露天菜攤比剛剛少了四個，兒童折疊桌下的維士比空瓶多了兩罐，早上八點，是該準備收攤了。不過野菜教學依然持續中，菜市場之花拾起一根綠色的東西，說是「易頭的消海」——我猜她說的是「芋頭的小孩」，也就是連著葉梗的未成熟小芋頭「芋槐」，據說和薑一起煮，再淋點醬油，「保證吃完浮起來。」至於酸筍和紅、綠辣椒浸泡的「阿美族酸辣湯」，則是「吃的時候會唱歌」，我開始懷疑這裡的食材，都有成癮性質。

攤位坐東朝西，有「借貸之牆」擋著，對面賣菜阿姨的陽傘都快撐不住日曬時，這頭還悠悠哉哉地，見我們要走了，只囑一句：「有空再來，沒空要來。」

真要是這樣，那市場也不怕沒人了。

29

台南善化牛墟

【二、五、八】

台南善化家附近，是百年前即開始牛隻買賣的「牛墟」，當時可是號稱全台最大墟市，人牛雜沓，塵土漫天。牛隻交易式微後，集市依然在日期尾數為二、五、八時開張，以「三不五時」來形容那開市頻率，是恰當也不過。

小的時候，家人三不五時相揪逛牛墟，爸爸問來阿嬤問，姑姑問來阿公問，聽得「牛墟」兩字，防衛心便起，「我不要去哦。」畢竟那牛墟，逛起來也不是什麼舒適的體驗，除了一塊也不甚大的區域有加蓋頂棚，其餘漫漫自大路頭擺到尾的攤販，少數有陽傘遮蔭，多數攤子就這麼頂著南部熾陽做生意。另外，作為一個每天早餐只願吃菠蘿麵包的小孩，牛墟的食物可是一點都不吸引人——或者應該說，那些早點段數之高，年紀太小的可打不起，牛

肉湯與藥膳排骨，在牛墟都歸幼幼級，多數人一早就要來份蛇肉湯、羊肉爐、三杯鱉與炒鱉鞭，我小孩屁股三盆火，吃補是何必？孩子們是無法理解大人何以逛得不亦快哉：工具壞了來牛墟找零件，買不起新品的，亦可在這以三手價買到二手貨；種菜新手老鳥於此尋得心目中的菜苗；年過六十還想孵育下一代的，也有小雞鴨鵝可以帶回家慢慢飼大；來源不明的二手衣褲、日常器物翻找，昇華成樂趣；什麼都不要，只想逛一般菜市場的，牛墟處處是自栽蔬果、現殺魚肉，滿足難伺候的你。

牛墟小販沒有固定攤檯，一輛貨車、一塊布、幾個籃子交疊，都能做生意。大路起頭第一攤，永遠是輛小發財，車廂上稀稀落落擺了看似永遠也賣不出去的銅製小豬、駿馬像和一尊提著刀的關公，阿伯只是展開海灘椅在一旁躺著，與其說是等待買家，不如說在顧展。地上鋪個帆布，東西擺擺便開業的小販不計其數，上頭能同時存在蓮蓬頭、頂蓋消失的果汁機、滿是刮痕的CD片、腳踏車椅墊和飯匙，二手鋪位沒有「專賣」可言，與其事前擬定採買計畫，不如放手聽天命，畢竟連老闆，都不一定曉得自己賣了些什麼。

在這條長而直的大路上擺攤，還有一項特權，只要在兩側白線後，不礙到車道上來，攤子要多寬都無妨。那賣藤椅的，每張間隔五十公分地放，使人走了二十步還在同一個攤子前，老闆有大把的空間可以揮霍，今天早上，他是土地大富翁。

路上多是跑江湖販，逐墟市而居，顧起攤來也像天空飛翔地小鳥，攤子常因主人跑到隔壁的隔壁聊天，自動轉為無人收錢的良心商店模式。一路尋老闆，來到了個舊書攤，地上散亂的刊物，多是三十年前的成人雜誌，老闆見我興致勃勃，拍肩嘉許：「女生要買，我算更便宜！」挑了特別有舊時代風味的三本，他遇故知似的多塞一本過來：「人海茫茫，到處都是色狼。」

MAGAZINE
週年特刊
PLAYBOY

路邊有尊半身銅像，此人頭頂雖也無毛，面色看來營養卻沒有蔣公那麼良，問老闆：

「這誰呀？」

「某人的爸爸。」

「他的後代過得不好，就把爸爸賣掉了。」說著翻倒銅像，讓我看看底部文字。銅片上刻下這位公元一八八三年生，來自湖南的楊先生生平，羅列上至曾祖父輩、下至十五位兒孫的姓名及字號，更細細寫出楊先生遇害於日軍犯湘的始末，最後烙上「國恨家仇，永遠難忘」。銅像太重，老闆欲扳正時，不慎讓楊先生面朝下仆地、壓倒前方的摩卡壺，一百多年後，楊先生要是知道自己 on sale，肯定覺得現代人的交易啊，實在沒有極限。

此處同時販售一瓶開價四百五十元的玻璃瓶裝黑松汽水（娘：「我們那時候一瓶才四塊五！」）、大同公司的「小金剛」手機，以及可替換刀片的日製刮鬍刀，二十多年前的刀片依舊鋒利，老闆甚至當場刮起鬍子作證，此舉雖令吾人打消購買念頭，仍由衷讚嘆那物料不豐的年代，器物的做工是如此細緻，在幾乎是以丟棄為前提製造的現在，依然堪用的老物，顯得格外珍貴。

我特別喜歡的一個舊貨攤，東西尋常如腳踏車牌、夜壺、公母門閂、放醬菜的玻璃罐，老闆賣的多是他自年輕時涓滴蒐羅的老件，他見證這些物品的時興與落伍，它們的故事，都與他共生。不算起眼的物品，在老闆解說下，都迸出驚喜的星星火，於是妳知道，當時的小型耕田機，需要申請許可牌照；這樣款式的手提子彈箱，專屬於衝鋒兵和義務兵；抗日時期「大刀隊」近戰肉搏時的專用刀，會刻上名字，「刀在人在，刀亡人亡」。所有舊貨攤中，只有這裡，商品貼著標價，那是老闆認為它們應有的價值，坦坦蕩蕩，不因人易。

•••

早期牛墟遍佈全台大小鄉鎮，而今只剩北港、鹽水和善化依然保有以「牛墟」為名

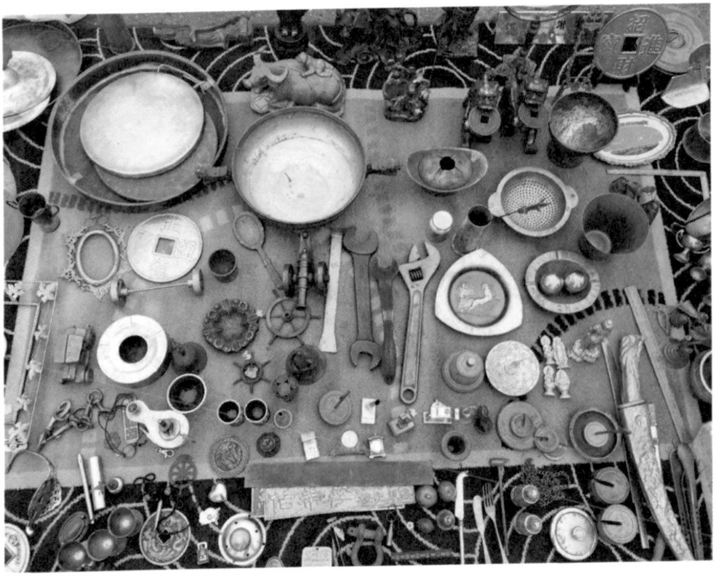

的集市，據說民國八〇年代後，再沒有人在牛墟看過牛。家附近的阿婆，已經九十來歲，沒法再像以前那樣騎車或徒步到牛墟，她對牛墟的記憶，還停留在有牛隻交易時的「考牛」場景。

阿婆說，買牛得先「摸齒（bong-khí）」，由牙齒數判定牛齡和健康狀況，接著牽牠走幾圈「試步（tshì-pōo）」，健牛就是腳勤，再來給牛套上牛車「考車（khó-tshia）」，阿婆曾經也與其他圍觀群眾被邀請坐上車，測試牛隻是拉得吃力或愜意，最後讓牛「試犁（tshì-lê）」，犁拉得好，就準備跟著買主回家種田了。

有牛，就有人賣牛鈴、鼻環、牛軛，還

有防止牛吃別人家草的「牛喙罨（gû tshuì-am）」，給牛戴的口罩以藤編製，阿婆笑說：「古早時囡仔若無乖，大人會威脅欲予伊掛牛喙罨，結果這馬疫情，全台灣人攏咧掛*，哈哈哈！」除牛隻買賣家與仲介，牛墟裡湊熱鬧的人佔多數，販售牛配件之外的趕浪頭攤商，當然也多，「走江湖的藝人啦、賣藥賣茶的啦，攏有。」阿婆印象中的牛墟，好玩得緊。對我而言，牛墟是小北百貨、是民間的故宮博物院、是可能在全國都休市的週一開市的菜場，那是我與阿婆記憶的交疊與錯落，如果問我和老一輩有什麼共同的回憶，是可以堂堂正正地說一聲「牛墟」的吧。

失憶後的阿婆，思緒混亂，狀況時好時壞，某次和她說我要去牛墟，她應了一句：「欲去買牛喔？」我不知道她是在開玩笑，還是她真的想起，牛隻滿園的牛墟。

註*以前小孩子如果不乖，大人會威脅要讓他們戴牛口罩，結果現在疫情，全台灣人都在戴。

30

台南鹽水牛墟

【一、四、七】

日期尾數逢一、四、七，是鹽水牛墟的趕集日，雖富盛名，Google地圖上卻無所在位置標示，不過，只要在開市日到鹽水，攔個人問路，通常才說「請問——」對方便立刻接「要去牛墟喔？」深諳外地人心聲，畢竟鹽水牛墟正好位在台南和嘉義交界處，每月大集，方圓幾十里的人，都跨縣市去趕集。

平時，鹽水國小旁的小路被稱作「土庫路」，但逢一、四、七，所有人只知道那裡叫「牛墟」。土庫路本是普通不過鄉間小路，路面已不寬，兩側小販一旦排滿，行走其中是進退兩難，遇上機車停在攤位前，則路寬再縮一呎，人不得顧，車不得旋，四面楚歌，God knows I want to break free。攤販在此等處境下攬客，只能扛來雙喇叭，連接麥克風現場

嘶吼，讓人循聲判定方位，不到九點，那嗓子已經讓我覺得，是閃靈樂團來了？

牛墟如今一隻牛也沒有，滿街是人，說是「人墟」，還比較貼切，土庫路上的生鮮菜果，喊價要比一般市場便宜，賣柳丁的大哥宣稱：「我賣東西，是在破壞行情的。」我看那一斤價格，確實是，無敵行情破壞王。路邊「五十三將軍廟」前的空地，是二手貨集散地，貨品齊全度堪比小北百貨，噴剩一半的體香劑、煤油剩一半的打火機、原是一對卻只剩一尊的仙姑像，老闆連吃一半的便當都暫時擱在攤位上，使人心驚。「跳樓大拍賣喔，」老闆懶懶散散地喊著：「從一樓跳到一樓。」

這攤貨品分類隨性，不過其中剪刀類，

可有專屬展示檯，一支一支，妥妥地分開擺著，理髮剪、醫用手術剪、線剪、布剪、指甲剪，還有那把鶴型剪，操作起來，鳥喙造型刀刃開開合合，都要聽見鶴唳。開攤目的雖說是清庫存，好貨被相中，還是要來回拉扯一番，明明標價寫五十，老闆卻堅持客人手裡的剪刀是「德國雙人牌」，不可能只有五十元，還故作天真轉頭問：「老婆，我忘了，這雙人牌多少錢？」太太自然接招：「兩百！」老闆這才滿意宣布：「沒錯！這把剪刀價值兩百——但我算妳五十。」這樣折騰一輪，只是要讓你知道，便宜，不是理所當然。

廟前樹下也擺了幾張桌椅報明牌，幾位號稱預測能力有如神助的阿伯，在桌前推推眼鏡、分析下一期樂透號碼，每桌都圍了五來個聽牌人士，人生有希望，日日有盼望。又碰巧這「五十三將軍廟」，祭祀清朝時期於地方戰役中陣亡的五十三名士兵，是俗稱「有應公廟」的陰廟，正是求明牌之士必拜地，否則若是間供奉具司法性質神明的陽廟，那麼連明牌桌旁這攤賣私菸的，也多少有點過意不去吧。

鹽水牛墟小吃不多，只一輛餐車停在路邊，上頭掛了塊大紙板，以硬筆書法寫上七十二項產品，每個字不過兩個指頭大，筆觸是有重有輕，早餐品項國際化，韓式法國

墨西哥，「新疆」也有，不過後面接的是「豬肉堡」。位於甫停辦的南榮科技大學後門，人人稱之「後門早餐」，車上自製機關不少，菜單上挖個孔安了個時鐘，煎檯加裝可掀折疊式檜木板，收店時闔上，保護煎檯不受刮擦，木板也鑽了孔，好讓殘餘熱氣透出。大學關校後，學生客大減，餐車依然做著牛墟人的生意，尤其熱天時，車邊陽傘蔽蔭的戶外內用區，讓幾乎融化為水的買菜客自人潮滲出後，還有地方小歇，即使只是以木板蓋在倒扣塑膠籃上的桌椅組，都宛如星巴克。

賣舊貨的多集中在土庫路後段，遠離生鮮菜區，空間開闊，貨車大可就路邊停放，那老闆東西擺了一地，就在車邊挑起菜來，他身後是一片荒草地，擺攤時順手摘些可食野菜，顧攤兼挑菜，回家有得煮，老闆曰：「一ㄐ一ˇ數得。」不過他用來揀菜的，居然是一把老式西洋短劍，果然古董的真諦，就是歷久而堪用。削著菜梗，老闆表示自己「對青菜比較有熱情」，想把收藏清一清，轉行去賣菜。這些舊貨，賞玩比買下受用，想捧個場卻又用不著狼牙棒和雙節棍，只能意思意思買下兩個碗底厚重的「平安順興」碗，雖已十點多，老闆這才開市，他掀起衣角抹抹碗內灰塵，笑說：「恁無棄嫌，菜脯根仔罔咬鹹*。」意思是這些舊東西，可能不比新品花俏，但如果還喜歡，就將就著用吧。

不過誰都知道，菜脯根才是最有滋味的。

註* lín bô khì-hiâm，tshài-póo-kin-á bóng kā kiâm。

31

雲林北港牛墟

【三、六、九】

今天，號稱「北港扛霸子」的朋友，載我來到每個月日期尾數三、六、九開市的北港牛墟。才下車，她花容就失色：「怎麼變成這樣！」轉頭一看，怎樣？不就是攤位間隔有序座落在水泥地上？

民國一百零七年，由於水利工程施工，北港牛墟暫時遷到附近紙廠空地，隔年遷回此處時，地面已順便鋪上水泥，停車場也順便劃好了，讓扛霸子震驚的，就是這份井然有序。她說過去的牛墟，整片都是沙土地，攤位間隔劃分亦不清楚，連走道中央也有人擺，哪裡料到變成現在的樣子，路平且寬，機車騎著逛也舒心，「簡直墟市界的 Mall！」

水泥地攤位區，由鎮公所按格線分租，

鄰著的北港大橋下方一帶，私人地劃出的攤區也正出租。橋下以二手舊貨為多，堪稱只要是個「東西」，就可以賣，因此雜物堆裡若翻出附油漬的筷子一根、卡著誰髮絲的按摩梳，那也是不說一句話，只在心裡罵，有時看見寺廟屋頂剝落的剪黏小人，或某里辦公處的廣播器，那也是安靜賞玩，勿過分探問其來源。價值相對高的刀具茶具餐具，玉石佛珠紫晶洞，這裡也是有的，扛霸子的老媽阿霜，就酷愛在此買玉，被問及如何能辨真偽？阿霜倒是豁達：「我管它真的假的，我喜歡而且買得起就好。」——僅將此箴言，奉送給逛牛墟的諸位。

老闆捧出一只「掐絲珐瑯」盤，這門明清時期盛行的技藝，得先以銅絲在金屬胎上掐出造型，再將各色珐瑯反覆填燒於銅絲紋樣上，最後入窯焙燒。盤上灑些水，色澤在日光下映得更是飽和，和那廣東綠釉燒製的龍蝦筷桶一樣，「不消風不失重，越摸越光滑」，老闆說古董啊，比鑽石還要恆久遠。對面一攤阿伯的收藏，相對日常而樸實，多是民國三、四〇年代發行的刊物、郵票、漫畫和幻燈片，翻開一本公學校家庭通信簿，可一覽這位大正十四年出生的小男孩，每學期的出缺席紀錄和操行成績，事後上網一查，這位當時成績老拿丙的男孩，後來到了日本留學，返國成了楊梅國小的老師。向阿伯買了一本省政府新聞處編印的《臺灣地名沿革》，對他願意留存記憶的心，表達感謝。

⁂

清末即有的北港牛墟，曾是全台牛隻交易量最高的市集，測試牛隻的「考牛」場地，亦是數一數二地大，而後農人耕田不再用牛，這裡能和牛扯上關係的，只有牛肉湯了。沒了牛，交易更無極限，國術館來擺攤，光天化日下對人施行刮痧推拿拍打功，北港的天空，有我不再年輕的哀嚎。有攤位上就放一桌四椅，現場報起明牌，老闆每講幾個數字，就深深看進每一位求明牌阿伯的眼睛：「有就會中，沒有就不會中。」廢話只要慎重地說，就不是廢話。

那裡停了輛白色貨車，上頭音響設備俱全，車廂門全打開就成了舞台背板，地上是散落的金紙和黃布一疋，掩著蟒蛇一條，四周插上令旗，五營神兵都被請來護壇，前方觀眾群集，準備看法師表演——財神生水。

穿西裝的法師，請我的扛霸子朋友雙腿夾住有水瓷瓶，手持點火金紙向四方一拜，在身上寫有「陰陽財庫司」的無頭人形偶四周，搧了又搧，車旁有個技術組阿伯，兼管音控和唸白，法術進行時，他手持麥克風，神情漠然，腔調卻是千迴百轉：「移山倒海，縛靈列出，這馬這个移神術，到底是欲按怎操作咧*？」忽高忽低，或緩或急，以「戲說台灣」式唸白增添詭祕氣氛，與法師動作相和相合。法師舉起上頭安了個木偶的板凳，手動「鑾動」起來，宣布：「水正在流過去。」凳子下方剛才還空著的水瓶，此時還真倒出水來，而朋友腿間那瓶水，是一滴不剩——見證奇蹟的時刻，圍觀群眾那驚嘆度，是面前如果有案，肯定拍下去叫「絕！」

眾人在如此高潮中，敬天畏地，紛紛掏錢供奉財神——法師說表演絕不收錢，但供奉財神可以——看了熱鬧、為心安付費，那也是一樁交易，而我想的是，學校的物理課若能如此惑眾，我肯定是要卯起來搞懂原理的。

註*現在這個移神術，到底怎麼進行呢？

盤在地上的黃金大蟒，從頭到尾被沒動過，那不要緊，有些存在，即使睡著都夠神秘。

還沒看下一段公益演出，扛霸子就催我起身，我倆乘著機車於攤販間穿梭，尋找專賣古早味色情光碟的阿伯。說起來，朋友也不是愛看色情片，只是因為那阿伯初初見到她時，並沒有因為她是個女的而改變態度，反而加倍鼓勵：「女生就是要活出自己！」這一慰勉，使她每回來牛墟，總要買上幾片才甘休。

阿伯呀阿伯，你今天怎麼沒來？我還沒活出自己啊。

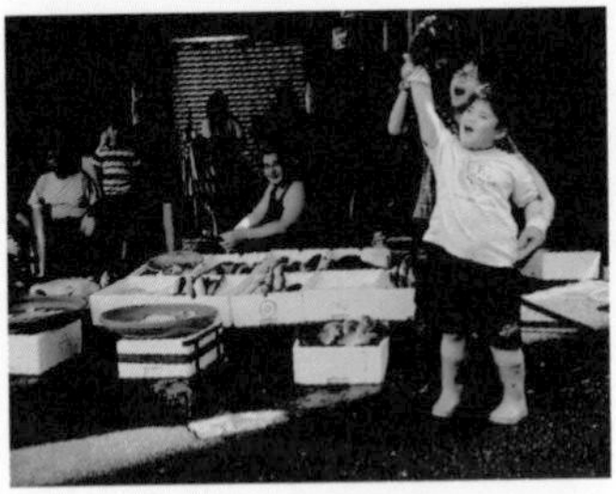

SUS304

市中有非常人

輯二

01

雲林莿桐市場

【如何證明你來過莿桐】

六點四十分，提早十分鐘抵達虎尾客運站，等開往莿桐的車。

七點零五分，車呢？

「六點五十是假日的發車時間喔。」櫃檯阿桑扁平的聲音傳來。

到莿桐，已過十一點，市場裡人都還在——在收攤——我心已打烊。向賣菜阿姨問起「莿桐」的台語唸法，她居然語塞，急急找上對面肉販，討論起「莿桐」究竟是唸 Tshì-tông，或是 Tshì-tâng？我站在兩個莿桐人之間，一時感覺有點荒謬。

兩姨論畢，給出一解：「反正妳唸國語

就不會錯了，ㄘㄨˋ桐。」

ㄘㄨˋ桐。

市場外邊，兩根電線桿間卡了塊鐵皮，「正牛皮帶，賣正牛皮帶」，上頭寫著。想起稍早在莿桐站下車時，就已經看見三岔路口處有「賣正牛皮帶，來摸看免錢」，而當時它對面的圍牆也有牌子靠著，「正在地生產，賣正牛皮帶」。我以為眼前這塊已是終點，前行沒有幾步——「來摸看，上面摸，下面摸，不要錢，摸皮帶」，就像電線桿處處貼上「天國近了」而不見天國，四面皮帶八方襲來，就是不見人，賣皮帶的，是神？繞了一陣，又發現「拜託各位早上七點後勿停車，給我賣皮帶，謝謝你好」，是了，旁邊一輛三輪貨車，車頭掛滿

油菜日曬中，車廂帆布以大號字漆上「正牛皮帶，來摸看免錢，在地生產」，貨車停在鐵皮圍牆邊，後方撐出一頂傘，阿伯在躺椅上拄著臉睡覺，身旁有塊告示：「去買東西，馬上回來」——不對吧，「去見周公，馬上醒來」才是。

皮帶自車頂簾幕一樣垂下，阿伯強調都是真皮，「逐家攏講佪賣的是正皮*——嘿啊，正塑膠皮啊。」寫板子那口吻看似謙和，本人講起話來是自信滿溢、動輒向各方下戰帖。這牛皮帶真正是賣出了名氣，從屏東特來莿桐買的，大有人在，「無買皮帶莫講你來過莿桐！」路上各處「來摸看」牌子，是阿伯精心琢磨的諧音哏，台語的「摸（bong）」與「罔（bóng）」音似，「來摸看」自此有了「來摸摸看」與「不妨來看看」之意，對於自己的才華，阿伯很得意。

每日早上七點到下午四點，日子有三分之二都活在這，圍牆邊，因此出現了一些家的樣子。鐵皮牆給阿伯穿了幾個孔，一根鐵絲就能掛上做生意用的鏡子和剪刀，孔洞分佈位置且經過設計，蒼蠅拍、時鐘、掃把均勻分佈在牆上，「上面摸下面摸」那塊牌擋住的後方——噫，更不得了，有鍋有瓢，瓦斯桶接上卡式爐，燒著一鍋飯呢。附近小吃不缺，但阿伯習慣自己搭爐煮稀飯，「外口的飯，攏是鴨米。」說以前爸爸用生米隨便滾一會兒就餵鴨，米心都沒煮透，和外頭餐館的飯一樣硬，鴨子才吃。對面店家炒飯時，那鍋鏟磕鐵鍋的鏘鏘聲，阿伯也有意見：「飯是用炒（tshá）的，啥人叫伊用摃（kòng）的，是炒飯毋是摃飯OK**？」

發言犀利，也不妨礙他做公益，牆上掛了三張斗六至西螺雙向客運時刻表，由於台西客運站牌就在一旁，老是有人來問發車時間，阿伯索性自己抄了一份，我拿起時刻表——居然是三塊厚厚的牛皮，難道，這就是所謂的，牛皮紙？車廂角落潦草手抄了幾行地址與電話號碼，若有人託他買付豬大腸或買把傘，阿伯便按著肉品市場及傘店地址，順路買了帶過來，這輛三輪車，也乘載了皮帶以外的想望。而車頭那堆覆住把手與車燈的油菜，則是對面那戶人家借曬、預備做雪裡紅的，天熱時，阿伯也受邀進屋內喝茶乘涼，對街互助聯盟於焉形成。

客人機車都沒熄火就抽起腰間皮帶，說這牛皮帶太堪用，繫到如今人都不像當年營養那麼好啦，瘦了一圈，得再打個洞。打完洞，「多少錢？」「一千啦。」手一揮叫他

註*大家都說他們賣的是正皮。

註**飯是用炒的，誰叫他用打的，是炒飯不是打飯。

快走。客人勒緊褲帶，報機密似的：「這個阿伯，以前還飼獵犬抓兔子。」說起當時自行配種培育小型犬一事，阿伯尾巴又翹起來：「愛會曉揣兔仔空，看附近敢有兔仔食的草，看兔仔屎敢是鮮的*。」偶爾帶狗到溪底去獵兔子，獵到就分人吃了，那個時候，他牽著狗在村裡蹓躂，可拉風得緊。阿伯大約是那種，做什麼都能有模有樣的人，兒子的皮帶工廠收了以後，他農用三輪車開著就出來賣庫存，做起生意的老練與傲氣，使人以為他一向是揮著皮帶打天下。此刻的阿伯揮著蒼蠅拍，用太帶勁的政論節目式語氣，描述早期駐紮莿桐的阿兵哥沒東西吃，「我用蒜頭跟他們換子彈！」從孫子當醫生講到高麗菜滯銷，由市長罷免案論戒嚴時期，說到激動處，假牙居然整付擠出來，喬喬位置塞回去：「咱這个年代有言論自由，我感覺真正足好！」

三輪車所在的圍牆另一頭，是塊碎磚瓦礫空地，原本是個診所，名曰「厚生」，「較早若有人食著農藥，攏會予人送來遮灌水洗腸。」醫師以解毒聞名，當時不僅莿桐，中部其他地區若有人誤食、或企圖喝農藥自殺，都要立刻被送來這「醫生館」灌腸。阿伯記得那時有個鄰居，打算喝藥一了百了，雖然前一刻打消了念頭，醫生卻不信，事後強押著灌水，迫得他在醫院直喊：「我後來沒有喝啦！」艱難的日子過了，阿伯說起這事，笑得蠅拍亂顫。

濟世過一甲子，醫生老了，診所不再開業，我看見二〇一五年朋友在這拍下的照片，那時診所尚未拆除，典雅的木造山牆依舊美麗，而圍牆前，阿伯的皮帶庫存還多得能在路邊掛上兩排。這幾年，不只一個客人跟阿伯說：「老闆你不能死啊，你死了我沒皮帶買。」他轉頭數數車上剩下的幾十條皮帶，「我看啦，皮帶賣了我猶未死咧**。」

下一站，要到斗六，有了今早的挫敗，這回車輛進站時間，可是掌握在我的App中。「車輛即將進站」，是的，是的，「本班車已離站」，嗯？

公車駛離對面站牌。

ㄘㄨˋ桐啊！

註*要會找兔子窩，看附近有沒有兔子吃的草，看兔子大便是不是新鮮的。
註**我看，皮帶賣完我都還沒死啦。

02

宜蘭天天來麵包車

【東北角四海遊龍】

駐點馬崗的朋友有天表示：「這裡每天傍晚，都有個長得像庹宗華的大叔開麵包車來，據說是從宜蘭市區一路賣到福隆、澳底，再回頭的。」宜蘭到澳底，沿著東北角海岸，這輛麵包車還去了哪裡？我們拜託老闆讓我坐上副駕，走一趟散播奶與蜜的路線。

一上車，噯，比庹宗華帥一點。

老闆在三十多年前，偶然參與了哥哥的麵包車生意，做著做著，自己也栽進去，當時，整個宜蘭的麵包車可多著，經常開出去，每個停靠站都已有兩三輛在那，最盛的時候，老闆甚至請了十幾位烘焙師傅，做出來的麵包，是批給各麵包車賣的。回頭說說現在吧，麵包店有的是，配送管道也多了，麵包車依然是偏遠地區之必須，卻不再作為傳播奶與蜜的唯一應許使者，漸低的銷量讓製造與物流再次合一，「天天來（代號）」麵包車的老闆，又回到校長兼撞鐘的生活，早上做，下午賣，自產自銷，兒子雖然也幫著做，但他，可不願意坐上這個晚餐時間只夠從後頭抓個麵包配咖啡的駕駛座。

年輕時候的老闆，麵包車開著四竄，從宜蘭駛上拉拉山還心神有餘，孩子接連出生後，行車路徑縮減並固定，目前這條路線，已經跑了二十年。貼著東北角濱海道走，早讓老闆換過一台車，鹹風探入車內，冬浪拍上車身，鏽蝕攻勢無法擋，每天回家，都得洗車，「沒有每天洗，車子撐不過五年。」

今天的第一站，烏石港邊，生意清清淡淡，天氣不好，出入海港的船少，「這季節本來應該有鰻苗，但不知道為什麼牠們還沒來。」好天氣、有魚抓，是港邊麵包車生意興旺的要素，老闆每日開工前，都要先看天氣，有多少人，做多少麵包。接著來到梗枋漁港，車子繞了一圈，只有製冰廠老闆惠顧。市區人多，而老闆不跑，支支吾吾說是停車不方便。目的都是把麵包銷完，但我猜老闆有個前提——只賣離不開崗位、出不了遠門的人。港邊的傍晚，外籍漁工聽見「天天來麵包，向您請安」的廣播聲，就知道是

甜甜鹹鹹的來了，快步到路邊以眼神攔車，老闆也替他們在印尼店買咖啡、辣椒醬，不多收錢。兩方話都少，老闆只是特別注意，別讓信仰回教的移工們拿到含火腿或肉鬆的麵包，最後在結帳時大聲喊：「賀！仙Q。」

●●●

沿途播音賣麵包外，老闆也鋪貨。來到號稱「大溪唯一」的雜貨店，阿姨說昨天的還沒賣完，明天再補啦。掉個頭去到名為「渴渴」的飲料小舖，那是印尼籍漁工聚會所，掀起店內麵包籃，剩得不少，老闆還是換上一籃新的。車又開進巷內小社區，阿公聞廣播聲出家門，從老闆手中接過剛才換下來的一籃麵包，他的雞群又有過期點心可吃囉。

下午三點到晚上九點，一日要跑六小時，這天都還沒結束，我光是坐在副駕都要感覺累，問老闆難道不想在店裡賣麵包就好嗎？「我也要出來外面抒發心情耶！早上做麵包，下午趕快出來聊天交朋友，妳看我每天像不像在旅行，雲遊四海。」我心想對耶，老闆你簡直，東北角四海遊龍——對遊龍而言，待在原地，才是最累的。此時行經濱海道路，車子忽然加速，「要注意camera，不然跑麵包車賺的錢都不夠被開紅單！」

老闆想起麵包車頭幾次開到大溪漁港，大家都在趕他：「這邊不能停車！」這裡最多的就是空地，哪兒不能停？一陣子後，趕他的人，成了等麵包的人。深入地方的交易，難的是關係養成，對此，老闆說：「需要時間。」

也不只是時間，「要看時段、要觀察人潮。」在百輛麵包車爭鳴的年代，要想出頭，就不能有一天不出車，每天傍晚黃金時段，一定要到場卡位，老闆想起太太臨盆那天，他牙一咬還是來到港邊賣麵包，結束後再飛麵包車到醫院，正好趕上大女兒出世。競爭是其一，麵包做得好是基本，「種類要夠多，讓客人覺得有選擇，不然每次來發現，啊你怎麼都只有菠蘿？」做了幾年，從遭人恐嚇占地盤，到後來，「其他麵包車先去也沒關係，因為大家會等我去了才買麵包。」連港邊的狗，都跟老闆特別親。

●●●

麵包車副駕觀察，來到第四個小時，老闆吁了一口氣：「本來不該讓妳上車的。」「因為之前有 spy 來跟我學做麵包，當時也派他送貨，一個月後他走了，結果開始在我的路線上賣麵包。」聽到這裡，我就想那人傻呀，這積累時間和人情的生意，豈是小輩能強搶？果然，事發後老闆親送一趟麵包，大家便知是怎麼一回事，從此那 spy 麵包車，天天滿載麵包而歸。

今日天氣差，最後一站不再遠至澳底，車子開進福隆車站後頭，沒有光的地方。路邊高草覆住看似廢棄的屋子，卻讓我們等到一兩個不知從哪裡冒出的人，其中一位，還是每次都要買上三百塊的天天來VIP，老闆說：「我要是沒來賣，根本不會知道這裡路怎麼走。」——我甚至看不出這裡有人。旅途中，我們老是拐進海風颼颼的暗巷底，熄火等著，老闆知道這裡有人需要，也給他們時間走出家門，「叔叔一個禮拜沒來了！」小毛頭搶在阿嬤之前、風也似跑過來。「墨西哥、巧克力、甜甜圈、布丁蛋糕、三小蛋糕……」一樣的廣播聲，有人聞之若天籟，有人就嫌吵，拿刀追砍老闆到巷子裡——久了，他知道在有房子的地方，音量得調低，車上那台有著四個旋鈕的播音器，此刻操作純熟，像個DJ。而我只是在想，廣播中重複出現的「三小蛋糕」，究竟是，一個怎麼樣的蛋糕？

車子停在幾戶人家的聯合庭院，「老闆今天比較早喔。」「老闆你給我的百香果苗，結果啦。」有些對話，需要時間積存才能產生。駛出庭院，窄巷邊站著準備堵麵包車的人，是剛剛不及走出家門的阿公，由印尼籍看護攙著。阿公抓起麵包，年輕的看護女孩出手制止：「甜的，阿公不可以。」女孩拿起麵包，阿公說：「這個有豬肉，妳不可以。」兩人為彼此挑了幾個麵包，又一起走回暗暗的屋子，這些老人們的孩子，在另一個地方賺錢，帶來另一群看顧他們父母的孩子。

今日的福隆，也不算麵包車的終點，路上老闆已經接了好幾通電話，希望他返頭再開回哪兒賣麵包。「天天來」在行駛路線上的居民和勞動者心中，是三點半工地前的麵包車、四點十分港邊的麵包車、六點半巷底的麵包車、七點整庭院的麵包車，不論在哪個時間，後車廂打開，加裝的日光燈亮起時，所有人看到的都是琳瑯滿目七層架麵包，從不感覺稀落，這是老闆的體貼。

「天天來麵包廠所出品的麵包，芳香可口，深受大家喜愛，為了答謝您的愛護，特別為您帶來剛出爐的各式新鮮麵包，有菠蘿麵包、墨西哥、巧克力、甜甜圈、布丁蛋糕、三角蛋糕……」

我總算聽清楚了，三角蛋糕。

03

雲林西螺果菜市場

【摩登李時珍】

西螺果菜市場北邊不遠處，是民國八十六年歇業的舊果菜市場，過去聚在周圍的臨時攤販，依舊在原地做著買賣，路邊白線成了天然主客分隔線，兩三個米袋齊齊擺整，壓上今日蔬菜，就是一個交易單位。那些停在路邊的金旺一百，也要特別留意，通常離車子不遠處，會有幾顆菠蘿蜜，或者一小堆馬鈴薯擱在地上，那是載來要賣的，只是老闆暫時消失。

綿延的攤位末端，是一輛迷你廂型車，車窗半拉下，好讓寫著「優盾草」、「狗尾草」、「大甲草」等字樣的紙牌，能以小夾子固定在窗上，而車胎邊那一排散放、籃裝、袋裝，或以成株盆栽示人的，想必是這些不知所謂的草了。阿伯拾起四束，分別說是「賊仔褲帶（tshát-á-khòo-tuà）」、「烏面馬（oo-

bīn-bé）」、「鐵馬鞭（thih-bé-pinn）」、「化石鬚（huà-tsióh-tshiu）」，我的一頭霧水，瞬間凝結成雲，還下雨。

阿伯細說，「賊仔褲帶」能治跌打損傷，早期大盜小偷拿它當褲帶繫在腰間，被抓到毒打後，至少還有隨身藥草能服治，堪稱一消極可靠的夥伴。相傳能治腫瘡的「烏面馬」，腐蝕性汁液將使皮膚呈藍黑色，而它偏又開著白花，是一黑在心坎裡的植物。「鐵馬鞭」就是穗狀花序似馬鞭的「馬鞭草」了，都說能消腹水、活瘀血，而原本以為花絲如貓鬚的「化石鬚」，是種化石等級遠古植物，直到阿伯說它有助利尿排石，才明白它化的，是腎結石。

阿嬤騎著金旺九〇經過，轉頭大喝：「紅

牧草可以來載走了啦！」過去為尿酸所苦的阿嬤，當時自阿伯這兒取得一盆紅牧草，回家養著，每日取莖葉三寸一截煮茶，過了六十日，阿嬤復如往日兇悍，「身體好了啦，紅牧草可以載走了！」

西螺舊果菜市場還營業的時候，凌晨三點就開市，人都稱它「三點市（sann-tiám-tshī）」，「小時候跟爸爸去三點市賣菜，跑回家的路上，路邊都是草。」回家的路，有四公里遠，日日跟著爸爸跑、看爸爸採草煮著喝，長大後，他到台北開公車，六〇一號路線從天母到環南市場，報了三十年的站牌，想著家裡的兩分地，退休後立刻回到西螺，憑過去的印象和《本草綱目》，阿伯在田裡一一辨認、復育野藥草，「不過現在用那個 Google

智慧鏡頭就可以查。」嗚呼，摩登李時珍歟？

與他一塊兒佔鞋店前擺攤的，還有賣地瓜的大哥與大叔。大哥熱愛上網，天天攜筆電來顧攤，此時，他正登入「蝦皮購物」查起紅甘蔗行情，以決定自己的甘蔗該賣多少錢。另一位大叔，我私封其為「臭屁仔」，「被我種過的東西，都很肥。」手上拿的是筍子，然此一特性，放諸他所有自栽作物皆準。提及往昔，「我在台灣最長的車上工作。」——台鐵就台鐵，還最長的車呢。雖然老是一副略感不屑的樣子睨著人，他還是摘下一串橄欖說要送我，「我的橄欖最出名。」臭屁仔與筆電哥，都喚阿伯一聲「先的（sian--ê）」，算是對這位藥草界前輩的尊稱，「先」讀音似「仙（sian）」，我感覺也達意，畢竟阿伯總是赤著腳，笑來靦腆，識博而寡言，如此仙風道骨，使人懷疑他三小時前剛下凡。

阿伯車上擱了一袋芒果，夏日擺攤，那便是他的甜飲料，想起阿嬤下田時，亦是以當季過剩的多汁瓜果當水喝，就感覺親切，他取出火龍果，小鐮刀削下一片要我拿著吃，削法和阿嬤如出一轍，親切加倍，他轉身再挖出橘子和香水檸檬，接著是香蕉、葛鬱金、桑椹果醬——排山倒海而來的農產攻勢，也跟阿嬤一樣，是過度親切了。水果都清空，才能大捆拉出車廂底部的「康復力」，那是據傳可助細胞再生的藥用植物，和它綁在一塊的「三角鹽酸」則專治皮膚癢，而誰要是牙疼，車內那瓶「六神草」泡酒喝點吧，麻醉效果可強了。阿伯說自己前陣子蕁麻疹上身，就服用幾日的「白毛草」茶，我說我椎間盤正突出，「耳鉤草搗成汁煮來喝。」家庭寵物保健，阿伯也是在乎的，「白尾蜈蚣草加左手香，可以讓本來不能走路的貓狗，吃了會走路。」他也賣千元鈔票——背面左下角的「雞角刺」，據說該植物只生長在海拔三千公尺以上的山地，恰恰符合中央銀行期許國民堅忍不拔的精神，也讓人掏出一千元鈔票時，感覺任重而道遠。

阿伯往腳邊盆栽摘了一葉，就丟進嘴裡，說一天一片，醫生不會來。才嚼一口，就明白為何這株草叫「穿心蓮」，豈止苦口，簡直苦逼心還穿過去，使人就地化身苦海女神龍——阮為何、為何淪落苦海？為何命這薄？說什麼醫生不會來，我還想叫醫生呢。阿伯葉子含著順口溜：「桂花難看桂花香，看人不可看貌相，人醜結伴心善良，藥苦才能治好病。」誦念完畢，靠在躺椅上兩腿晃悠晃悠——忽然覺得，我是被苦毒的小媳婦？

穿心蓮，苦賽黃蓮，苦盡沒有甘來，入口即苦得荒唐，尾韻亦復如是，阿伯看我演完整齣名為「絕望」的肢體劇，才削了兩顆火龍果，做為遲來的甘。穿心蓮可解濕熱、

清肺火，若遇蛇蟲咬傷，亦可外敷治瘡毒、緩解搔癢，雖說心蓮啊心蓮，妳是害得我好苦，但或許我們還有努力的機會？買下攤子上的穿心蓮粉，期許自己每日一茶匙，成為人上人，阿伯見狀，加贈一株穿心蓮苗栽，要我種到土裡，每天來一片葉。

為回報穿心蓮日後成長狀態，留了阿伯的LINE，問怎麼稱呼？

「胡爸。」

「『姓胡』的『胡』嗎？」

「對。」

翌日，LINE跳出道早安貼圖，傳送人名稱顯示：「福爸」。

原來是幸福的胡。

那盆穿心蓮，寄養在雲林朋友家，事隔兩年，心蓮過得好嗎？嗳，我不想知道。而那罐穿心蓮粉？開都沒開過，結束。

04

台北濱江市場

【王維推著加菜站】

銀行相連到天邊、處處是玻璃帷幕的民權東路上，要不是偶有人拉著菜車轉入巷內，哪看得出裡頭藏了市場？民族東路四百一十巷，給小販塞得瞧不見路尾，「榮星攤販臨時集中場」就在榮星花園旁，一早在公園游泳散步遛狗的，也常沿著攤販街，一路去到另一端的台北魚市和第二果菜批發市場。

行前，住附近的友人特別囑咐，這條街上有個賣蓮藕的老闆「很會撩」，別理他。銘記在心快步閃過，老闆還是以連珠炮問句共我攪牢牢（kā guá lám-tiâu-tiâu）：

「要不要蓮藕？」

「紅棗還有沒有？」

「薑咧？」

「家裡還有蒜頭嗎？」

確認之嚴謹，堪比美國海關。至於很會撩嗎？我事後想想，朋友說的應該是，「很會聊」。

四輪推車停在街邊，攤頭「加菜站」三大字下方，還寫了「各種精味燒腊，讓您倍增用膳情調」，左右兩塊牌分別掛上「免煮免炒，全家飽飽」、「反通貨澎漲降價一隻三百八」，橫出去的板子則是「香港風味，餐廳出品」，下邊還有一隻別著領結的版畫風鴨子，舉起翅膀作勢招呼。「新鮮美味，香脆鮮甜」——記憶裡，如此直白推廣產品特色的標語，只存在某個年代以前，比如「可口可樂，清爽可口，芬芳提神」、「甜健素，香健素，香香脆脆真營養」，現代廣告重畫面，文字多求言簡意賅，這燒臘攤卻鄭重地一再描述那滋味，使人感覺餐飯加燒臘，用膳情調確實將倍增。

牌上的字，是在防水貼紙上寫好後，切下筆畫，另外貼上，因此大致有「撇似刀，勾似鵝頭」的雕刻風格，然起筆爽利，收尾卻顯婉約，筆畫轉折處有時鋒利有時圓，看上去有些彆扭，卻字字可見琢磨，和那隻版畫鴨一樣，有種繫上小領結的慎重感。

「看我的招牌呀？」老闆操著厚重的口音，在攤後隔著吊成排的烤鴨簾說話了。

老闆還在香港時，就幫人寫招牌，不過那只是正職以外的嗜好，至於學做燒臘，更是業餘活動。一九九〇年代末，他離港來台，開了間粵菜餐館，燒臘一項手藝倒成了他的本業，沒有多久，碰上政府實施周休二日制，生意受挫，難以負擔香港廚師的機票成本，末了便收掉餐廳，自成一攤販售港式臘味。

近午，太陽烈，老闆自攤車上方抽出一塊舊看板遮光，側邊拉下竹簾，簾子上頭也貼了字，「各式新鮮燒臘」、「廣東脆皮烤鴨」，一字一字隨竹簾捲下，攤前小牌也從「新鮮燒臘一盒一百元」，換成「收攤燒臘兩盒一百八」，字型瘦高且筆尾尖利，視覺上顯

高調，不必開口放送，就要引人注意。招牌上多的是老闆調整筆畫後自創的異體字，「櫻」沒了四點，「兩」中間少一豎，文字因缺漏而顯得很活，攤上那些寫字、遮陽用的塑膠瓦楞板和捲簾，原本都是些廢料，雜七咕咚搭起來也成一攤，不那麼俐落，卻也不那麼容易過眼，就像在坑坑窪窪的路上走得比較慢，心也給這些畸畸零零的東西凝住了。

老闆聽說我寫市場，頷首道：「沒錯，人要多寫文章，並多讀古文、引經據典。」（我盡量……）又聽說文章內也附照片，連連稱是：「對，要像王維的作品一樣，詩中有畫，畫中有詩。」（我……）最後相贈一盒玫瑰油雞，千叮萬囑：「做人要謹慎，別像紅樓夢裡的賈府被抄家。」

一日傍晚，在市場附近的復興北路上，又見燒臘攤，招牌上「加菜站」三字居然閃閃發亮，才知那字上頭之所以戳了好幾個孔，是為了安上小燈泡。路口風大，牌子上的領結小鴨隨風飛呀飛，四字「香港風味」在台北街頭飄搖，總是看見這些慎重可愛的字，就想起蜜汁排骨和腐乳燒雞、想起老闆懇切的樣子，那份情致在我心中，已經靠近了王維。

05

台北雙連市場

【影帝的家業】

雙連市場的露天街販，沿一小段捷運線，自巷頭排到巷尾，頭尾兩端，各有一車豆花。人的狀態總是，甫進市場，還未有興致停下來吃豆花，直待走到最後邊，熱得差不多生無可戀，才要思慕一碗涼豆花，因此我私以為，這兩個豆花車的位置，一前一後，得天獨厚。

靠近捷運站出口的那車豆花，老闆身穿白T，背面突兀地印有一張老人背影照，而正面那黑白大頭照——是有點眼熟。

「我說老闆，你衣服背後那個人是誰呀？」

「我爸！」

「那前面的照片，是李——」

「也是我爸，年輕的時候。」

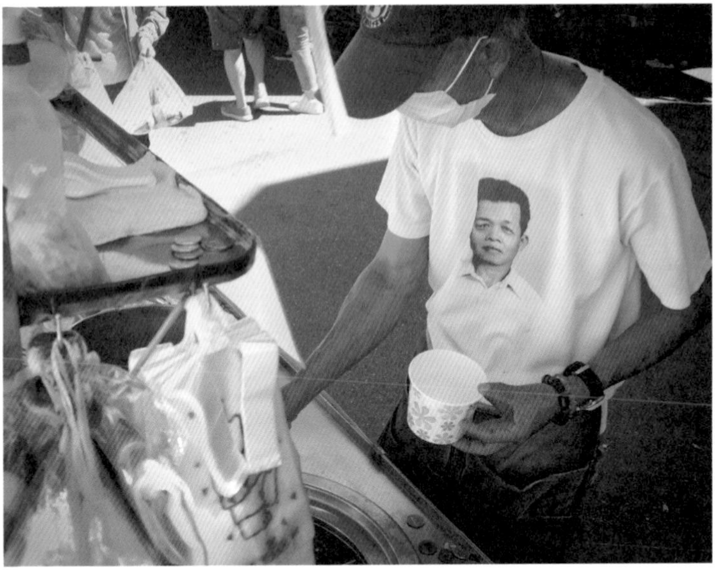

噢，你爸長得好像李康生。

那背影照，由老闆的哥哥掌鏡，是他們的父親早年在成淵高中附近推豆花車的樣子。十多年前，老闆自父親手中接過豆花生意時，擔心老主顧認不出他們家的豆花，便有了一個大膽的想法——把爸爸印在衣服上。順便多印幾件，姐妹弟兄各人留念。「我哥也在後面賣豆花呀。」——噢，原來頭尾兩攤師出同門，枉我每次都猶豫要吃哪家。

老闆從小水盆裡提起豆花杓，習慣在盆緣快速叩三下將水瀝掉，而他舀起豆花自有一套節奏，豆花滿杓後，總要在空中頓個半拍做預備，接著以迅雷不及掩耳之勢扣入碗內，好像不這麼快，豆花就要活過來。見人菜籃尚空地來買豆花，他會問一句：「要提很遠嗎？」邊把裝著豆花的塑膠袋提把處綁成一個圈，讓人好拿著逛市場。又每每遇上那位戴墨鏡的老伯，老闆盛完豆花，不會給他上蓋，只說：「吃完碗給我就好。」因為老伯總是要端到旁邊花圃去坐著吃。來光顧的，多是爺奶之輩，想必也是爸爸的老相識，「現在都變成我的客人啦。」客人顧著兩代，兩代也接力照料客人，沒有人需要再藉爸爸的照片認豆花，也不會再聽見老闆問：「要加什麼料？」而是，「今天一樣吧？」

身上的衣服，穿過了十個年頭，領口已脫線，爸爸倒是還沒掉漆，老闆戴著口罩鴨舌帽，遮得看不見臉，只見爸爸那張臉在攤位前，左添粉圓、右撈冰角，真的，很像李康生在賣豆花。

老闆又提起杓子，「叩叩叩」成了市場口的三聲清脆，在前老闆眼底下做事，賣豆花哪敢打馬虎，兒子在做，爸爸在看。

06

台北南港林森市場

雨天罩又挺，晴天無客群

我有一把壞掉的折疊傘，我帶著它，搭捷運到底站南港展覽館，轉公車到底站舊莊，路底有個林森市場，直走到底，那兒停著一輛藍色馬自達貨車，「那個阿伯每天早上五點就褪腹裼（thǹg-pak-theh，打赤膊）在附近山坡健走。」隔壁賣菜阿姐表示，她從一開始眼神還會特意迴避，十幾年到現在——日常風景了。阿伯六點鐘回到市場，打開車廂，高處掛直傘，低處放折疊傘，只留車斗邊一塊三十公分見方的平檯當工作桌，那個阿伯，是傘界醫聖——呂師傅。

常人要能精確指出雨傘故障部位，實屬不易，「中間這根，一直呃，掉下來。」這種無以名狀的開場白，師傅聽多了，他也只能笑笑打開傘，還沒碰到病灶，就先動手扳正他眼中已然歪掉的傘骨，才開始修起名為「中棒」的「雨傘中間那根」。工作檯面小，師傅遂脫了一隻鞋，左腳踩右膝，大腿為桌，以長釘敲起腿上中棒，上身發勁而腳入地三尺，好一金雞獨立式。

適逢週末，加以連日陰雨，開攤不到兩小時，工事便囊括：替換斷裂傘骨、補傘面破洞、換傘柄、黏合傘笠、補上缺漏的傘珠，不過師傅表示，這都小意思，「颱風過後那才叫厭世。」面對客人送來傘屍一具具，欲拒卻得迎。師傅說，修傘沒有難易之分，只有費工與否，論最麻煩，要屬傘軸上的細鐵絲斷了，得整把拆開，換上新的再組裝回去，「比種田還麻煩。」說麻煩，麻煩到，兩隻不如歸去的傘就上門了，他語重心長對客人說：「這個真的很難處理——修好可能要五十塊。」客人連忙點頭，我心想師傅你傻呀，收個五百塊，還不讓他咚咚咚打退堂鼓？正惋嘆，師傅已拆起傘，關鍵幾處使力一剪，不消四十秒，一把牢固的傘就散了，所謂「不知道自己怎麼死的」，就是這把傘的寫照。

師傅的手，和身體不成比例地大，關節骨因經常使勁凹折傘骨、微微跑了位，而這雙手也能輕巧拾起線剪，挑斷線頭、捻起針來回抽送，將傘布固定在傘骨上。每一次簡

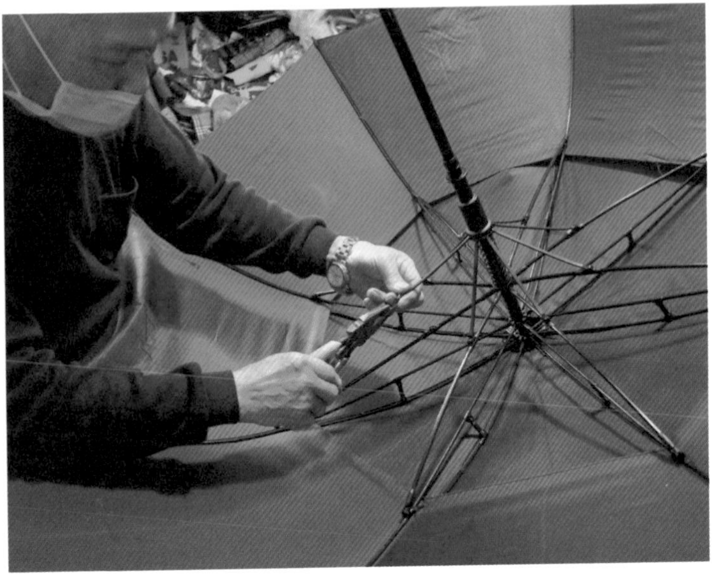

易修理，都能在三分鐘內完成，客人總是把壞傘交給他，就到對面買蘿蔔絲餅，不過通常是蘿蔔絲餅還沒排到，傘就修好了。每項修理的最後，師傅都自主執行全套健檢，傘尾填一圈黏膠防漏水、縫上新的魔鬼氈、預先補強瀕斷傘骨，所有蓄勢待發準備壞掉的，老闆一併先治了。更換鐵絲時，以粗款替代製傘工廠慣用的細絲，易斷的鋁製傘骨則改用鋼材，師傅治過的傘，老是比壞掉之前更好用，一把一把延年益壽，都成傘瑞，「打斷顛倒勇*。」師傅說。

欲善修傘一事，必先利其器，工作檯上除了常用的老虎鉗、兔子鉗、斜嘴鉗，師傅特地請人在既有的尖嘴鉗前端，焊上一根細針，對準傘骨一夾，便能推出細小鉚釘，使骨架即刻

註* phah-tn̄g tian-tò ióng，斷掉以後，反而比之前更強韌。

身首異處。工具之外，修傘最怕是沒有零件可替換，而工廠出產的零件，又只大量批售給製傘商，師傅就靠著四十年來自各壞傘卸下的零件，涓滴補滿了工作檯上那二十格小抽屜，不論來客送上何種款式的傘，都有對應零件可搭配。「成功！」——師傅又順利湊合了一組，他是傘界第二春婚友社，這是今天的第七對。

•••

五十多年前，還年輕的呂師傅，跟上一九六〇年代起大興的皮鞋業，「堅利可靠，到處聞名」的生生皮鞋與阿瘦皮鞋，都是他待過的地方。八〇年代末，產業外移，一針一線縫鞋底的功夫，由島外的人和機器取代，在製鞋業萎縮前，他就決定轉身，開始賣傘。當時家住三重，開著一輛貨車四處去，「每天早上，都會跑到頂樓，看台北哪邊天空黑黑的，就去那裡賣。」久了，他發現總是南港這一塊的天空黑，便在林森市場租下一個攤位，定點賣傘。逐雨之夫進一步思考：「台北哪裡雨最多？」——是的！就這麼舉家搬到基隆，人家的晴天霹靂，是他的天降甘霖，雨都發霉的日子，澆灌了老闆發芽的事業，生得傘花朵朵開。

傘賣著賣著，陸續有客人反應：「也得有售後服務吧？」他才自個兒研究起傘的結構，修著修著，修成傘仙，呂老闆成了呂師傅，上門的客人，「手裡都已經有一把（壞）傘了啦！」話說到這，攤前又有人遞上一把，師傅只差沒把臉上「沒救」兩字說出口：「這個修起來要一百塊喔，你還要修嗎？」事後他說，其實那把傘已經壞到不如投胎，畢竟「全部拆開重組」的繁瑣工序都只收五十元，壞到一百塊的程度，還真是不值人工，「可是客人想修，我就修吧。」正質疑在這一把傘不到一百塊就能取得的年代，究竟還有誰要大費周章將傘送到南港修？「我已經連續好幾天，從早上六點站到下午兩點了。」師傅悠悠表示——好的，我檢討我的質疑。

呂師傅的修傘費用，一般狀況下，從免費到五十元不等，根本不是個賺錢生意，這輛貨車停在市場內，比較像是在提醒大家，壞傘不是只有扔掉一途。他讓傘商銷售量下降，卻也讓自己的賣傘業績赤字，嘴上說這把年紀了，擺攤修傘也是為了把庫存銷出去，但我說師傅，你這手功夫，給你修過一次就不必再來，傘根本賣不掉呀你！

即使定居基隆，依然一週五天清晨開車下南港，並在那之前，先送太太到汐止橫科一帶，她在那兒賣內衣——是的，滿是傘材的車廂內，原本還裝有大量內衣，兼作雨傘運送緩衝物，以柔克剛。

過去早上出門前，兩個孫女總為了留住阿公，情緒勒索之：「你都不愛我！」有時便把姐妹倆帶來市場，小人就在滿是雨傘的車斗上玩。經營傘業四十年，姐妹倆都上了大學，師傅從佛系修傘，成了被當佛修傘，原來為的是維持家計，此刻，地球才是他的維護對象，「現在的人啊，換傘跟換手機一樣，我跟他們說，修一修還能用，偏不要，還希望它壞，不然不壞不能換。」

捏捏口袋裡的手機，哎呀，我的確只是想要支新的。

07

屏東夜市

【雪晶冰菓室】

阿嬤靠窗坐著，腿翹上椅子，她說她腳痛。

「要吃冷凍芋嗎？確定要吃我再站起來。」

沒關係阿嬤，妳先坐一下，這裡頭的裝潢，我可以看上好一陣。

民國三十六年起家的「雪晶冰菓室」，號稱屏東第一間冰菓室，賣冰棒，也賣李鹹、蜜鳳梨、紅豆、大豆組合的四菓冰，阿嬤作為第二代，也賣起果汁、水果切盤，還有那杯「黑松汽水加香草冰淇淋，讚。」原來的平房，開店兩年後挑高建起兩層樓，鶴立街區，通往二樓的手作石梯那是非常時髦，樓梯口立個圓柱，黑色磨石子扶手沿柱頭向上延伸，側邊不設欄杆，以開圓孔的矮牆取代，線條流暢如電扶梯，當年想必是非常後設，「小時候我都坐

那個扶手滑下來咧。」

店中央有一體成型水泥檯座，以墨綠大理石紋磁磚貼皮，側看居然有弧面突起，乍看多低調，細節是豈止浮誇。檯座上安了個歐式白窗一樣的木造拉門櫃，擺著瓷盤玻璃杯，還有九〇年代限定兩公升裝麒麟啤酒罐——是的，冰菓室也曾賣著啤酒威士忌，「水晶杯裝可爾必思，一般玻璃杯裝冬瓜茶。」可是阿嬤，印有夏日意象的烤花玻璃杯，現在已經沒那麼「一般」。店頭展示櫃內，假水果經年豔麗，最下排二十六支玻璃瓶裝黑松沙士，丰采都要被蓋過，而果汁也少打了，阿嬤從下方冰櫃挖出冷凍芋，那是近年主打產品，「有一次馬英九買三十杯給他的隨扈，害我做得要死。」屏東芋頭和大甲芋頭依季節交替採用，腳痛之人，賣冷凍芋方便，一次做好一桶，有人來再起身挖，冰菓室供應品項，隨主事者身體氣力調整中。

店內原來有六組檜木桌椅，都是高雄拆船業大興時買來的船上老件，每張椅子有隔板再分兩個座位，而兩人塞一椅的畫面不復存，「現代人太胖，椅子換掉了。」只剩那兩款檜木桌，拱形桌面楯接上不對稱桌腳、桌側鏤空嵌上木珠，過了百年，依然太前衛。有人來找阿嬤拿藥，兩人窸窸窣窣，只聽見「咩仔屎*。」「……吃便秘。」「不要吃兩粒，太強。」臨走前，那人問阿嬤怎麼沒穿鞋？「光腳踩這個大理石地板給它涼。」喔對，怎麼能忽略腳下華麗的紅白、綠白相間磨石子地磚？

•••

冰菓室位在屏東夜市內，夜夜昇平中，有阿嬤的不平：「攤位都擋在店前面還不用繳稅！」午後攤販一開爐，馬路兩側既有住戶和店面騎樓，都成內用區，大家看不見開在路邊的冰菓室，只見前頭紅燒鰻和炒米粉，熱氣直冒。屏東夜市離火車站和中央市場都近，交通與商業區位皆屬優勢，日治時期即有市集，行販不絕，買氣騰騰——直到戰爭開打，夜市日益凋敝，光復初期更是百廢待舉，就在此時，「雪晶冰菓室」開張了。附近就是傘兵基地，阿嬤想起開業不久就遇上的雜牌軍，「根本是流氓！」當時軍紀不

註* meh-á-sái，羊大便。

嚴，每有大兵到這條街上來，大家就要頭痛，「阿兵哥來點一碗紅豆冰，快吃完的時候，用手摳水泥牆，把石頭丟到碗裡，大叫：『妳要毒死我啊！』」阿嬤就倚在當年阿兵哥坐的窗邊，那砂石土牆，早改為磁磚貼皮。吃霸王餐的軍人，在同一條街上賣鱔魚小吃的老闆那兒碰壁，「外省阿兵哥說他的鱔魚麵裡面有蟑螂，要跟老闆吵架，還請人來翻譯，老闆只回一句：『如果蟑螂是我煮熟的，鬍鬚就會捲起來，可是這隻蟑螂的鬍鬚是直的。』」——他是阿嬤的英雄。

沒有多久，傘兵部隊在戰役中遇襲，「像打鳥一樣，一個一個掉下來，整連死快完了。」同袍幾乎不剩的流氓大兵，各個在街上失魂落魄，才破口罵完，阿嬤提起這一幕，又非常不忍。

作為上個世代的約會聖地，冰菓室週末都要迎來大批軍人，除了和女朋友在冰菓室點一杯喝一個下午，「雪晶」也成為當地阿兵哥「約會系統」的一環。阿嬤說，那些空軍幼校的阿兵哥們，都預先將休閒服寄放在冰菓室，週末放假就來這換套衣服，和女朋友約會去，直到五點回營前，再過來換回軍服。「相親」亦是冰菓室大宗生意，「我跟妳說相親步驟：媒人先帶人來這邊相等，對方到之後，問學歷、問在哪上班，覺得

ＯＫ，就給媒人錢，媒人會建議兩個人可以去看電影。接著小訂婚、大訂婚、給聘金、完成！」從百年孤寂到百年好合，阿嬤一口氣說完，當實驗流程在講解——也對，相親而成的婚姻，哪段不是一場實驗？

阿嬤說話，是國台語雙聲道並行，我說阿嬤妳中文講得不得了地溜，她聽了白眼一翻，說拜託喔，「以前每天要考ㄅㄆㄇ才能放學，我都第一個考完回家，」語調一轉：「我算是犧牲啦，接冰菓室賺錢給弟弟們上大學。」阿嬤被迫得自願犧牲，但她沒有忘記自己熬過來後要做什麼——大玩特玩。「兩岸開放時我是第一批去東北玩的，見毛澤東不用排隊。」大玩特玩計畫，雖然後半生才開始，也迅速解鎖美洲歐陸各大勝地，「我去西德回來，柏林圍牆就拆了，去美國回來，就九一一事件。」「每一次我都想說飛機如果掉下來，就有兩千萬（保險），都不掉。」關於旅遊，阿嬤提出三要點：一、兩個人點一份餐，才可以吃很多樣。二、年輕時從遠的地方開始玩，老了再去近的。三、紀念品不用買。

雙腿翹在椅子上的阿嬤，世界已經走遍，腳痛也不那麼惋惜，冰菓室有口皆碑，犧牲算是有回饋，現在她能當孫子專屬的冰菓店老闆，用甜筒造型玻璃杯，放上一球冰淇淋，做出眼睛和嘴巴，再綴上一顆櫻桃。前幾年裝人工膝蓋，一個月內就換了兩隻腳，「醫生

說我勇伯仔*。」膝再疼，每天還是要爬上精巧的手作樓梯到二樓睡覺，「沒關係，妳下樓可以坐扶手滑下來。」「對齁，我怎麼沒想到！」通常使人發笑的阿嬤，總算第一次被我們逗樂。

晚上十點，屏東夜市更火熱了些，阿嬤推薦我們去吃砂鍋魚頭，「三十歲後要開始吃魚頭，預防失智。」好了好了快十二點要關門了，隔天清晨還得到建國市場買水果呢。十二點到四點，睡這麼少？

「人老了睡不多，哪像妳們年輕人，豬母。」

兩頭豬母，摸摸豬鼻子，回到夜市，熬夜吃關東煮。

註* ióng-peh--á，形容人強壯。

不要捏

長褲架-6L
一件100元

很好
肉聲

懷救娃娃

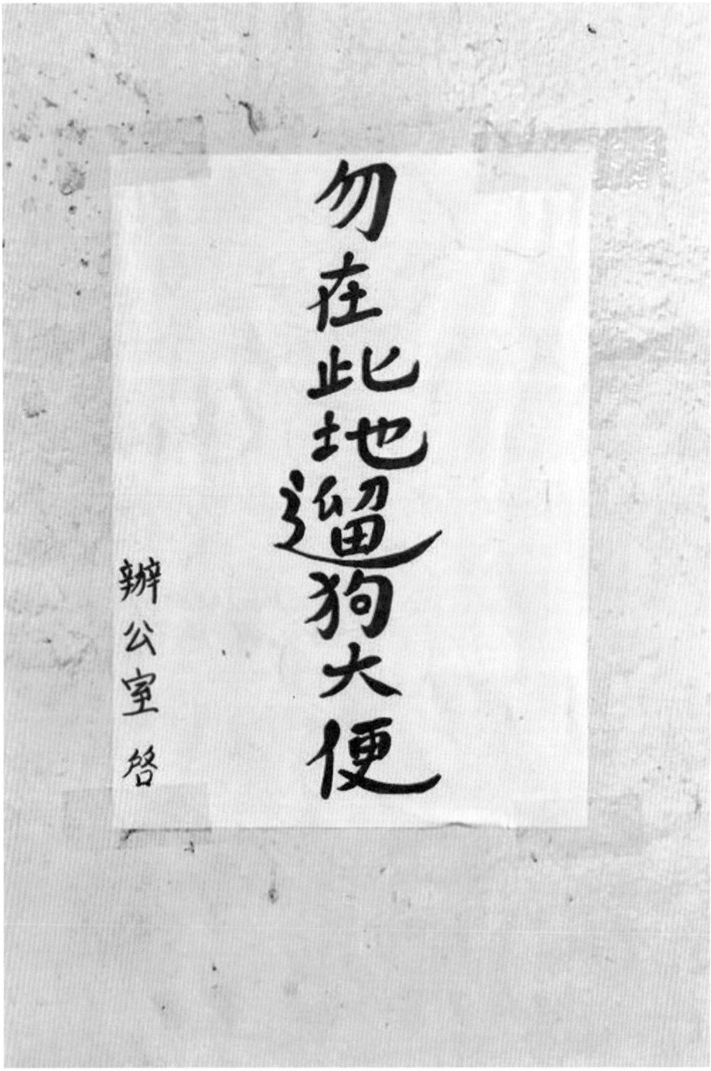
勿在此地遛狗大便
辦公室 啓

麥賽但笨嫂

A→使
現→呷

我如此

輯三

不像樣地長大

引子：阿嬤沒有忘記

阿嬤一年到頭按節氣料理的花生粿、肉捲、米糕、潤餅之類，養成我的口與胃，離家以後，為了不讓好命到此為止，踏入處處是手作小食的市場，盼能讓腹肚不屈就。

曾經以為最像樣的自家口味，走逛市場幾年後，被推翻了——不像樣的，根本是我家。不像樣也非不好吃，就是和外頭的比起來，缺了點什麼或多得太誇張，見識了種種「像樣」，才想那些把我飼大的不像樣小吃從何而來，於是，我回頭找阿嬤。

一回頭，阿嬤的思緒已經混亂，她說阿公在房間養小三、把我認成村裡某土豪的兒子，她在家裡，卻說要回家。阿嬤忘記很多事，起身還得靠人托，不過她還說得出，一鍋豬腳怎麼燉。

僅以此紀實，記家人與我，在阿嬤出一張嘴下試圖回顧或復刻菜式的經過，珍貴的從來不是好吃與否，人仰馬翻，才是我家定番。

01

比掃墓更緊急的事

比起掃人家的墓，距離自己的墓被掃，可能還近一些。清明節，對八十七歲的阿嬤來說，當務之急不是掃墓，是吃潤餅。

身為一個阿嬤，她具備了「想吃就自己做」的能耐。

忘了是哪一年，見證潤餅的備料過程，那可非僅僅發生在廚房，三合院另一頭伯公的倉庫，也給借來用了，兩公斤瓦斯桶接上火爐，大姑姑彎腰炒起韭菜豆乾、蒜苗皇帝豆，廚房阿嬤那兒同時執行蛋炒胡蘿蔔絲、芹菜拌菜脯絲、鹽水煮豆薯絲、油蔥炒瓠瓜絲、酸菜炒嫩薑絲——你說包個潤餅菜怎麼這樣多?我還沒完呢——蒜炒龍鬚菜、川燙豆芽菜、蝦仁苦瓜片、肉臊滷黃豆，一旁流理台，二姨婆忙把清蒸雞肉撕，香腸剖細絲，蛋皮切成絲。阿嬤與二姨婆，在六姐妹中最善庖廚，兩人在老家廚房聯手治菜，嘴上吩咐小姑姑備碗盤、拌鬆油麵、將花生粉與糖粉分別盛碟——你說這個家的男人都去哪了?當然是在客廳閒聊等吃，孩子們亦然，這個時代，大孩子主義也風行。

如此陣仗，一張桌子顯然不夠放，阿嬤囑我到神明廳扛出供品桌，三張排成列，儼然歐洲宮廷用膳，上頭餐具卻是七零八落不成套，沒了瓷盤盛那過多的菜，只有祭出方形烤盤與似狗碗之不鏽鋼小鍋，桌上鋪的亦非餐巾，而是阿公幾週前就開始蒐集的月曆紙。你說，這桌菜已經遠遠超越尋常裹在潤餅內的餡了吧？是啊，簡直就是一桌家常菜，只不過全數刨絲，且必需夾入餅皮吃。餡料因當天共食人士而異，若大伯母來，則有西式生菜沙拉，若是小姨婆，則有滷豬耳——若催促阿嬤清冰箱，則有過期烏魚子。家裡的潤餅，從無固定之味，你說遊子在外想念的是家裡的味道，我家出品的遊子，還真不知該思念哪一味。

場面過於浩大，包潤餅遂成儀式，每人

端著鋪有兩層防漏餅皮的瓷盤，列隊繞著供桌取菜，畫面邪門不說，常走完一圈，皮就包不住餡，只好以筷子夾菜配皮吃，薄皮裹熟料的潤餅捲真義，自此不存。

•••

年幼不更事，總以為潤餅餡料有一項標準，而這標準來源，便是自家潤餅，若在外頭吃的潤餅，餡料不足上述任一項，便覺是那潤餅缺漏，若見家中沒有的，又感覺是多出來了。彼時不曉得家裡的潤餅，才是那個沒標準的，因此對外頭的潤餅是非常嫌棄，除蛋皮以外，沒豆薯沒皇帝豆，沒油麵沒豆芽菜，少了那份扎實，一捲還要賣五十？

吃外頭的潤餅，還有個發現，某次在嘉義朴子市場內，點了捲潤餅，老闆問：「內用還是外帶？」想著我有否聽錯，潤餅不就是塑膠袋一裝、手拿著吃？耐著性子答以「外帶」，轉頭看見攤旁桌椅前，老先生一手握潤餅、一手捧茶杯，曰：「啊妳怎麼不內用？內用有送柴魚湯內。」潤餅店在爐上煮了一鍋柴魚湯，以有孔蒸盤為蓋，盤上堆著清炒高麗菜，鍋內直直上冒的蒸氣可為其保溫，高麗菜湯汁同時瀝入鍋，使湯頭清甜倍增，始知「潤餅配柴魚湯」乃嘉義常態，想著剛才要是答「內用」，便可獲得此等玉露——我傻呀我！

•••

小時潤餅於我，為甜點，餅皮內只願包一撮油麵、兩條蛋絲和三匙糖粉，只在此刻被容許挑食，沒人有權力阻擋孩子在餐桌上略過七盤菜，只為舀上第四匙糖粉，潤餅是這麼一樣能滿足小孩自主權的食物。其製作過程亦是癖好畢露時，通常人如其餅，粗牙之人餅常崩裂，恬靜之人餅多矜持，但某些時刻，那人包出了你所不知的他，那你也是閉嘴低頭吃，從此對他另眼相看。

繞桌夾料過了幾輪，桌上空盤越多，女眷們照例閒不下來，忙將剩菜集合，以剩餘餅皮裹起；男眷們也照例馬上閒下來，以不妨礙女眷做事之名，自動退場吃菓子閒聊。剩菜潤餅捲，隔天早餐必以油煎之姿現身餐桌，切記遠離之，那每一捲內必然是油麵與酸菜及糖粉，或油麵與豆乾及糖粉——令人絕望的排列組合。

每逢這場家宴，阿嬤最喜問我：「吃了幾捲？」若答三捲以上，可獲得阿嬤驚呼嘉許。早年她飼四兒，白米豬肉週週給徵收了去，日日怕明天糧食不足，盼孩子吃飽的想望，二十世紀末起，總算年年在孫女身上獲得實踐，不過通常，孫女看見海量菜盤端上桌，便胃口盡失。比起家裡的，我可能更偏好外頭那些為了成本錙銖必較的薄料潤餅捲，在熬了半生總算能大吃的阿嬤心目中，我可能是命帶窮酸吧。

話雖如此，有天同學帶了家中潤餅來給我嚐，我看那一捲——豈是「瘦」字可言，同學家境堪稱優渥，但吃潤餅時，我同情她。

阿嬤失智後，自然不能再起潤餅工程，想吃還得靦顏藉故，向大姑姑說是「她孫女」想吃，清明節前三週就開始念著潤餅，我說妳怎麼平常就不去市場買一捲來吃呢？她沒多說，我想那是她對日子的堅持，按著節氣過，比成全口腹之慾要來得能定神安體。

今年清明前夕，推著阿嬤到朋友家要吃上一捲潤餅，到了桌前她卻搖搖手說不吃了，想她身體不適，殊不知一回到家，她就用鼻孔看著我說：「才煮那幾道也在包？」

她的驕傲，我懂。

02

得來慢綠豆湯

夏日午後，阿嬤天天都想來個涼點心，為了防止她每天都吃統一布丁，我決定去買義美布丁——欸不是，我決定去買綠豆湯。

說到綠豆湯，假寐中的阿嬤忽然開眼迸出一串：「較早我若想欲食綠豆湯，就愛先去田裡收綠豆，轉來摃摃咧，燃柴火煮一大鼎，予逐家落田了轉來通食，隔日閣會當紮去田裡做點心*。」從田裡收成的豆莢，得先平鋪在三合院埕上曬，太陽烈一點，午後豆莢就變得乾而脆，用木棒「摃摃咧」，將豆莢殼打掉，手工剃除雜質，才能浸泡煮湯。

作為下田良伴，綠豆湯的重點是要能解渴，湯內豆粒幾乎只用來提味，是沒什麼人吃的，不過，想起小時候冰箱那鍋綠豆湯，說要吃豆，還沒豆吃呢。小小粒的台灣粉綠豆，常一煮就破肚成沙墊鍋底，杓子在鍋裡攪來攪去，只有綠豆皮掛著小豆芽在湯面忽浮忽沉，要撈完整豆粒，還不如叫人在有光害的夜空找星星。阿嬤的綠豆湯，豆子之外，還加了白米，米心煮到半透明，在舌頭和上顎間一頂就碎，加米，除了是阿嬤說的「讓綠豆潤口不澀」，我甚至感覺它已經取代了綠豆，權充

註*以前我如果想吃綠豆湯，就要先去田裡採收綠豆，回來打一打，燒柴火煮一大鍋，讓大家從田裡回來有得吃，隔天還能帶去田裡當點心。

豆沙鍋裡的固體存在代表。

長大以後，陸續有人得知我吃的綠豆湯裡有米，人人臉上那表情——有多衝擊？——這麼衝擊（鐵獅玉玲瓏語氣），飯該是配鹹，綠豆湯本是甜品，合在一起，怎麼可以！「是綠豆粥的意思嗎？」人人鍥而不捨，盼能將「綠豆加米飯」合理化為尋常可見的米多豆少無糖綠豆粥，但它偏偏不是。有阿嬷照三餐感化，在我未養成「白飯得配鹹吃」的飲食意識前，就成了綠豆甜飯湯的信徒，畢竟對小孩來說，有 sugar 就好 high，管它是不是白飯呢？不過，後來聽姑姑們說，除了甜味綠豆飯湯，阿嬷也曾熱衷煮食綠豆湯加韭菜和油蔥時——我好衝擊。一沙一世界，一人一衝擊，還來不及被感化，我就故步自封，韭菜油蔥綠豆湯？先不要。

綠豆湯加飯，我吃了好多年，但我沒有經歷阿嬷在綠豆湯裡加粉角的時期。

想招待下田人吃好一點的時候，綠豆湯裡會加些彈牙的「粉料仔（hún-liāu-á）」增添口感。粉料仔都是地瓜粉做的，要那地瓜粉，當然從種地瓜開始。講起地瓜粉製程，阿嬷雙手不住比劃，她失了記憶，卻沒有失了身體，刨地瓜絲、曝曬、磨粉、過濾，種種手勢已經變成她的一部份，阿嬤像是本能地會這些事，這是她的地瓜粉身體。地瓜粉對我來說有身體嗎？大概只有打開市售粉包夾鏈袋、加水和一和吧——喔不對，我甚至沒自己做過粉角。

一碗加粉角的綠豆湯，在過去是這樣慎重的，感佩了一番，轉身按原計畫，去外面買一杯二十塊的綠豆湯，粉角免費。

03

一腿豬腳，各自表述

阿姑滷豬腳

負笈海外的朋友打算進行一項食譜計畫，以漫畫勾勒那道吃著長大的「阿姑滷豬腳」，卻暫時回不了台灣，遂隔著半顆地球，遠端遙控我們尾隨她的阿姑，踏進俗稱「萬大市場」的台北第一果菜批發市場，紀錄阿姑的採買與料理行程。

余常以不煮飯之姿，上市場瞎逛而自得其樂，不過，上市場不買菜，容易懷疑自己的存在，面對市人投以「汝等小輩有事乎？」眼神，不免赧然。今日阿姑領頭，忽有狗仗人勢之威武感——我買菜，故我在。阿姑步伐踏實而方向明確，在市場外圍街販區行進，口中默念：「豬腳、蔥、薑、辣椒、八角、豬毛夾。」將肉攤檯面上的豬前腿掐過一輪，拎起穠纖合度的那腿，指示老闆剁了，三公分一截。接著走入室內蔬菜零批場，此區價差無幾，來客所選，憑的幾乎只是與攤販間的熟識，阿姑在走道間徐行，頭部僅作微幅擺動，眼神流轉間選定菇類兩三種，便啟朱唇、發皓齒，秤斤問兩：「怎麼賣？」

攝影／何睦芸

回家後，阿姑將她唯一指定的金味王醬油、八角、冰糖、米酒及水，倒入已和薑片一同煸至焦黃的豬腳鍋，擱上一捆蔥和一條劃開了皮的朝天椒，讓蔥香辣氣在滷製過程中，一點一點釋放，阿姑說，大火滾後，香氣就會讓厝邊喊救命。剛上蓋開滷，她又領我們剝蝦剃腸泥，「這隻蝦是餓死的，因為沒有腸泥，」阿姑普渡似地對已成仁的蝦說：「待會在鍋子裡多吃點啊。」

阿姑燃起黃長壽，說年輕時和男朋友在萬華的舞廳跳舞，一間跳完換下一間，通宵達旦。

我大嘆時髦。

「我不是時髦，」阿姑撥髮：「我是十一髦。」

末了，除滷豬腳外，桌上還違約出現了百菇燉雞湯、雙筍烤雞翅、生菜包蝦鬆、筍乾肉刈包等所謂「家常菜」，阿姑吃不多，只顧飲手邊的台啤金牌，拍下我們豬腳膠黏嘴的酥麻神情，說要LINE給她的姪女「羨慕一下」。阿姑記得姪女小學時候，總要拉著凳子站在流理台邊看她洗洗切切，阿姑老得勸退她：「妳不用看，妳還小，趕快去寫ㄅㄆㄇㄈ。」姪女卻答：「我現在看一看，先學起來，等妳老了我再做給妳吃。」

二十五年後，阿姑老了，姪女還是沒有做菜給她吃，姪女在比利時，花兩個小時清內臟脂肪，試著自己滷牛肚、炒雞肝，並試圖用中國超市買來的醬油，重現「金味王」式滷豬腳。阿姑是記得姪女「等妳老了我做給妳吃」的諾言，但她大概一點都不覺得自己老，因為阿姑說：「不管她什麼時候回來，我都會滷豬腳給她吃。」

⋮

阿嬤滾豬腳

作為女兒，說的話對父母影響力有之，不過今天一旦是「孫女說」，那對阿嬤而言，差不多是聖旨等級。

「我要吃豬腳。」

賃居北部八年餘，提及豬腳，指的當然是醬油上色滷豬腳，直到聽阿嬤碎念得準備當歸，才忽然想起，啊對，阿嬤料理豬腳，向來都是焄（kûn）而非滷（lóo）。同樣是長時間熬煮，「滷」有加入醬油與香料的意味，「焄」則多用清湯，由於發音似「滾」，加以那滾煮意象，我總說阿嬤是在「滾豬腳」。

於是我以為的紅油油滷豬腳，在彼此誤會下，即將成為一鍋白粉粉的花生豬腳湯。

今年阿嬤做不來，媳婦擔下來了，即使她從來沒有「滾」過豬腳。媳婦也就是吾娘，來自爌肉飯大國彰化，花生豬腳湯這種清淡的玩意兒，她是坐月子時才第一次嚐，婆婆的豬腳湯，媳婦表示：「喝了乳汁都會噴。」阿嬤身體動不了，腦子可沒放鬆，前一天就囑託媳婦備炭，「用炭滾一次就爛了。」同樣以陶鍋盛，雞湯能放瓦斯爐熬，豬腳須在小火爐上煮，這是瓦斯爐問世後，阿嬤依舊的堅持。

隔天，她發現媳婦忘了備炭，十萬火急要我立刻到雜貨店取，而明明一袋木炭只要三十塊，阿嬤卻掏出三百元，我說這個量，是要燒廚房？

滾豬腳一事，向來在三合院埕上進行，那日寒流，便將小火爐搬進裡頭作業，原本只是要前往廁所的阿嬤，經過廚房看見我們圍在那兒搧火苗，稍早因木炭未備而積起的焦慮，趁勢洩洪：「木炭那麼大塊火怎麼點得著！」媳婦趕緊把木炭剁成小塊，「啊怎麼用菜刀切！」媳婦示意她別管了趕緊去尿尿吧，但阿嬤已經比炭還上火，七孔噴煙，「早上不滾下午才在滾！」媳婦：「滾，我滾。」干卿何事的阿公過來嫌吵，阿嬤厲聲回罵：「這幾十年都是我在煮，你一張嘴在那邊嘎嘎叫！」內心的平權啦啦隊正為阿嬤喝采，就挨了一記：「這鍋子是我在燉補的，妳給我去拿大鍋子！」怒火和爐上星火八方竄起，煙越來越濃了。

在廚房生火，起初是為了避寒，結果那炭點著後，是非常地煙，所有人都給燻了出來，只剩鍋子在裡頭，媳婦因為這荒唐的場景笑了，阿嬤瞋目叱之：「豬腳有沒先燙過兩遍！」

終於，火穩穩升起，豬腳湯鍋加蓋上爐滾著，誰的怒氣也如炊煙，只剩一縷裊裊——啟示：不要在老人家面前復刻他們的料理，否則全家都氣死。

阿嬤的滾豬腳做法，是陶鍋上爐前，豬腳肉先在瓦斯爐上燙過兩遍，去腥除雜質，接著加入當歸、花生，移駕炭爐滾它個一小時，直到湯和那皮都散了的花生一樣呈米白色。起鍋前，灑些米酒，鹽是不必放，豬腳肉最宜沾香菜蒜末醬油吃，花生豬腳湯，是一兼得白切肉與當歸湯的料理。「沒完全照妳的做法，滾出來的豬腳好吃嗎？」媳婦問，阿嬤餘怒未消，嘴皮子硬：「怎麼不好吃？」所有人都受了阿嬤的氣，但她氣的是自己，氣自己沒有辦法起身滾上一鍋她行之有七十年的豬腳湯。

失能後，阿嬤老是坐在椅子上，拉拉我的衣角說：「閻羅王要來娶我囉。」面對遲遲不來提親的閻羅王，還有身體跟不上心的生命，阿嬤已經活得不耐煩了。

自己前進不了，只好努力留住別人，阿嬤舉起筷子對我說：「嫁較近咧，豬肚崁砸仔*。」意思是若嫁得近，煮了豬肚，用盤子蓋著就能走路拿回娘家來。我說是啦是啦，煮了豬腳也能「豬腳蓋盤子」拿回來。

不過阿嬤放心，我沒打算嫁。

應該是說，嫁了我也沒打算煮，何況拿回來。

註* ti-tōo khàm phiat-á。

04

六月的鄉下潮流

破布子，是一個在六月的鄉下永遠不會退流行的東西。隨芒果季而來，說能解芒果吃過量之毒素，不過在我大台南，眾人是避芒果唯恐不及，吃過量的疑慮，恐怕非本地人所有。

破布子又稱「樹子（tshiū-tsí）」，約莫半個指頭大的成熟果實呈粉橘色，內有白色黏液，其樹木在鄉間的密集度，是三步一欉，五步一叢，各處皆有野生種，誰家要是特地栽了破布子樹，那可真是傻了——我家就是那傻的，田邊栽了三棵，正好讓阿嬤有個牽掛，時候一到，就要我們去剉樹椏（tshò tshiū-ue）。

據聞，阿嬤以前是鄰里間的「樹子班長」，專門號召大家來做樹子丸，今年季節一到，班長魂又上身，在開工前一晚亢奮到失眠，十點半才睡——年輕人表示：這樣叫失眠？

剉樹椏，把帶果實的枝條砍下來。這日早上六點回阿嬤家，不意外地早就錯過四點的剉枝行程，阿嬤已穩坐輪椅，與鄰舍六七人正揀樹

子。三人一組，圍坐浸著枝條的大水盆，將果實一粒一粒從花萼上揀下來，果實黏而滑，浸過水盆的手都像上了滑石粉。盆內水得時時傾倒更換，庭院像下了場暴雨，一旁奔來走去的馬爾濟斯，在我的見證下，滑了一跤。果實揀了兩小時，諸位歐巴桑的話題，流轉得比我排便還順暢，不知怎麼能從納豆紅麴，講到孫子不會擦桌子。

揀好的樹子粒，移駕至三合院後方，那兒已經有人升起柴火。樹子需在大鼎內水煮三小時去除澀味，熬煮得時時攪動、撈出白沫，大塊木材得持續劈開、給火添柴，如此需動用小手臂以上肌肉的勞力活，交由中年一輩的姑姑們來，阿嬤級的各位，負責切薑剁末，各項工事同時進行，製作樹子丸，並不是單一線性

進展的工作。鍋內的樹子粒，從嫩橘轉黃褐，薑末以外，拌入糖、花生和白蔭油煮一會，倒入水桶以鐵鏟翻攪——我說姨婆等一下，這鏟子是田裡用的那把嗎？無人回應。鏟後果皮盡裂，黏液釋出，樹子不再粒粒分明，成了一桶黏稠稠的。見阿嬤捧著鹽巴隨侍待命，立刻搶過那包鹽，「我來！」鹽量多寡，決定我今年是否嚥得下樹子丸，提著袋子一角微微顫動抖落鹽粒，姨婆奪過袋子，「我來啦！」人家說細雪是撒鹽空中差可擬，姨婆這鹽量，雪崩差可擬。明知足夠鹽分始能讓樹子泥出水、凝結成塊，依然想賭一把減鈉，撒鹽，就是這麼一個欲拒還迎的過程。

樹子泥盛進鐵盤，壓實放涼，阿嬤伸出食指，挖它一記試試味道，每次成品口味不甚相同，大概就是鹹、一般鹹、相當鹹、媽呀超鹹。切下一方塊千層麵似的樹子泥，在瓷碗內以飯匙反覆翻壓成扁丸狀，同時摻點鹽水使其更凝結——再同時，施加壓力擠出鹽水，使之不致過濕崩散，堪稱一門矛盾的技術。飯匙碰瓷碗，呆板的咯咯聲，特別可愛，或許因為當聽見那聲音，就代表這耗工的一切，即將結束。

∴

鄉下地方，東西做好，並不優先留給自己，樹子丸個別裝袋便於冷凍保存，也為送人。共做者各分三包，姐妹一人留三包，兒孫不吃鹹，給兩包，最後自己的冷凍櫃內，也只剩三包——別沮喪，村裡一旦誰也做了樹子，總是會多出三包送過來的。樹子丸，要不單吃便是煎蛋，在餐廳不多見，想來是賣相不好，料理上得解凍也麻煩，倒是那醃樹子粒，果實煮熟後不打碎成泥，直接填入玻璃瓶，以醬油、甘草、辣椒、薑片冷藏醃漬，便是蒸魚常用提味品。

吃樹子，是再鹹都不能配飯入口，自從一次混著飯大口咬下，眼前一黑，悟出真理：「它的籽比牙齒硬。」鄰里間那些吐籽順便吐出半顆牙的新聞——也不算新聞了，當有人說樹子該配飯，那是他有本錢做假牙。村裡依然做樹子丸的老人是少了，不過時

節一到，眾人就開始打聽哪家要開工，輪椅轉著、助行器拄著，一早就往那人聲、水聲、鍋盆聲聲喚的家戶去，就為坐在一旁，看著自己過往年年做得要死要活的一切呀，如今風水輪流轉了吧。

不過風水沒有轉掉這群人，她們只是換了個方式，和樹子再一次走過五月和六月。樹子就是一個在六月的鄉下永遠有人盼望的東西。

即使牙齒可能會斷。

05

【繭仔沒有人愛】

一再降生的繭仔，都成家常，已是便飯，還來不及想念那味道，餐桌上就又來一盤，因此我對繭仔，始終處於吃膩的狀態。

有回帶了幾條到台北，朋友問：「這是雞卷嗎？」我說不，是kiǹn-á，「哪個kiǹn？」……總之阿嬤是這麼稱呼這肉捲的，我對阿嬤說的話，一律不求甚解。後聽人說，此種豆皮裹著的長條肉捲，確實也可稱雞卷，咱南部人以「肉繭」（bah-kiǹn）或「繭仔」（kiǹn-á）呼之，而「繭仔」指涉的範圍，或許超越了雞卷，許多有「裹起來」意象的小食，無論餡料為何，都有個「繭」字，比如「蝦繭」，甚至是澎湖那狀似菜包的「菜繭」。

繭仔頭尾兩端微微收小的形狀，的確像個蟲繭，才讚嘆這「繭」字下得好，就想起阿嬤做的繭仔，頭尾可沒有收細，整條粗細一致，堪稱「肉柱」。形狀近乎苛求的繭仔，如何能成？阿嬤說得到，做不到，便由號稱「阿嬤二世」的大姑姑執行。

隔日早上八點到場，姑姑已將餡料全數切好——除了手藝，她也承襲了阿嬤總是違約提早開始的作風。

蒴仔餡料，大原則是豬絞肉和魚漿份量二比一，姑姑做一次的基本份量，是四斤肉、兩斤魚漿，將之與刨絲豆薯、切碎胡蘿蔔和荸薺、蔥頭混合，此時需徒手攪和，而那甫退冰的魚漿肉末有多凍？據沒有去過北極的我娘說：「跟在北極一樣。」姑姑太陽之手下，凍肉終於成泥，打入三顆蛋作為不無小補餡料黏著劑，撒下白胡椒、味素、二砂糖——撒到姑姑說「停」為止，「怎麼知道味道夠不夠？」我問，姑姑一指沾向那團生肉泥放進嘴裡，「夠了。」拌勻後，徒手拍打肉團，逼出空氣使餡料扎實，阿嬤做蒴仔，倒是省略了拍打步

驟，急驚風如她，也不在意肉團可以靜置一會以更入味。

阿嬤還是個孩子的時候，用來裹肉餡的豆皮得自己做，帶著田裡收成的黃豆到鄰居家借石磨，磨成豆漿提回家煮滾，一次一次用扇子搧涼、撈取豆皮，即使費工至此，日後市場上的零售豆皮由一張三塊漲到五塊錢時，阿嬤還是嫌貴、念了好久——如今七塊錢一張，就不向她報備了。一張圓形豆皮可裁成四等份，一份裹一捲，將透光薄的豆皮分開成疊已夠費事，講究一點，結塊的豆皮邊還得摘掉。製作繭仔，有稱「鏨（tsām）繭仔」，動詞著重在「切」餡料，有著重「捲」一動作，稱「捲（kńg）繭仔」，在扇狀豆皮上鋪一條肉泥，稍微整平壓實，豆皮兩側邊角向內折起，邊緣也得上一抹肉泥作為封口膠。此時方知，阿嬤的處女座等級勻稱「肉柱」，難也，手殘如我，持續滾出紡錘形，且表面凹凸坑疤，姑姑評曰：「梢梢（sau-sau）。」

臺灣閩南語辭典釋義：「梢梢」，零零落落、營養不夠、容易脆裂。

自家製繭仔，總是肉多取勝，對於市面上菜料為多的繭仔，姑姑鼻孔哼了一聲：「那叫菜繭。」阿嬤牌繭仔為人稱道的是，魚漿肉末海一樣多，荸薺菜末粉一樣細，整捲吃起來，是舞者肌肉一樣緊實，我卻因此特受不了，生活富足得使我不以肉為歡，那被鄙視的「菜繭」，也許才是我心頭好。姑姑將繭仔做了點改良，在結成肉團的餡料內，保留大塊荸薺，咬下時，多了一道清脆聲音。

繭仔捲好，放入有蒸架的炒鍋內滾水蒸熟，以便冷凍保存，日後欲食，再以油煎。有冷凍庫後，一年做個兩三次，便年頭至尾有得吃，阿嬤以往一做便是十斤起跳，姐妹兒孫各戶分八條，大家這麼年年吃著繭仔，卻直到近期問了家人一輪，才發現居然沒幾人愛吃，又話雖如此，每逢除夕，餐桌上沒香腸還行，若不見繭仔，大家就要問起。繭仔是明星過氣成了B咖，可新春賀歲節目上若沒了他，又使人唏噓。

這回和姑姑一起做的繭仔，即使難得出自孫女之手，公嬤兩人也是千推萬辭只留一條，阿嬤說，她已經吃到「拉天（la-thian）」。

臺灣閩南語辭典釋義：「拉天」，不知惜福、奢侈、放縱。

能吃繭仔到不知惜福，是好事呀阿嬤。

菜場搜神記

一個不買菜女子的市場踏查日記

作　　者　蘇菜日記／蘇淩
台語審定　鄭順聰、Gina Tseng

主　　編　董淨瑋
責任編輯　黃阡卉
行銷企劃　郭佩怜
全書設計　朱疋
特別感謝　吳亭儀、魏伶娟

社　　長　郭重興
發 行 人　曾大福
出　　版　裏路文化有限公司
發　　行　遠足文化事業股份有限公司
地　　址　新北市新店區民權路 108-3 號 8 樓
電　　話　02-2218-1417
傳　　真　02-2218-8057
Email　service@bookrep.com.tw
客服專線　0800-221-029

法律顧問　華洋國際專利商標事務所　蘇文生律師
印　　刷　凱林彩印股份有限公司
初　　版　2022 年 6 月
初版三刷　2022 年 9 月
初版四刷　2023 年 2 月
定　　價　480 元

特別聲明：
有關本書中的言論內容，不代表本公司／出版集團的立場及意見，由作者自行承擔文責。

國家圖書館出版品預行編目 (CIP) 資料

菜場搜神記：一個不買菜女子的市場踏查日記 / 蘇淩作 . -- 初版 . -- 新北市：裏路文化有限公司出版：遠足文化事業股份有限公司發行 , 2022.06
304 面；14.8×21 公分
ISBN 978-626-95181-6-6(平裝)
1.CST: 市場 2.CST: 攤販 3.CST: 臺灣
498.7　111007458